AF813338

ASMUS PETERSEN

Die Sauergräser

Schlüssel zu ihrer Bestimmung im blütenlosen Zustand

Die Sauergräser

Schlüssel zu ihrer Bestimmung
im blütenlosen Zustand

(Nebst kurzen zusammenfassenden Darstellungen
über Standort und Wert der Sauergräser
und deren Bekämpfung)

Prof. Dr. Dr. h. c. ASMUS PETERSEN

herausgegeben von
WALTRAUT PETERSEN *und* GÜNTHER WACKER

2., bearbeitete Auflage
Mit 8 Bildern

Akademie-Verlag Berlin

1989

ISBN 3-05-500257-1

Erschienen im Akademie-Verlag Berlin, Leipziger Straße 3—4, Berlin, DDR - 1086
© Akademie-Verlag Berlin 1989
Lizenznummer: 202 · 100/510/89
Printed in the German Democratic Republic
Gesamtherstellung: VEB Druckhaus „Maxim Gorki", Altenburg 7400
Lektor: Karl Abel
Einband und Schutzumschlag: Annemarie Wagner
LSV 4265
Bestellnummer: 761 805 1 (6083)
01200

Vorwort

Die Unterscheidung der Sauergräser im Blütenzustande bietet im allgemeinen keine Schwierigkeit. Die vorhandenen Bestimmungsfloren liefern die nötigen Unterlagen. Aber nur selten oder nie trifft man die Sauergräser auf dem Grünlande blühend und fruchtend an. Es bedarf also einer Bestimmung im blütenlosen Zustand, damit sie zu jeder Jahreszeit erkannt und deren wertvolle Hinweise über Standort, Entwässerungsbedürftigkeit und Entwässerungswürdigkeit wirklich genutzt werden können.

Der vorliegende „Schlüssel zur Bestimmung der Sauergräser im blütenlosen Zustand“ wurde von Asmus Petersen bereits 1923 zu seiner Arbeit über die „Taxation von Wiesenländereien aufgrund des natürlichen Pflanzenbestandes“ entworfen und benutzt. Er begleitete ihn sein Leben lang, wurde verbessert und gesichert, eine Herausgabe aber immer wieder verschoben. Erst im Jahre 1973 erschien die erste Auflage des Sauergrasbuches im Akademie-Verlag. Sie wurde von seiner Frau Waltraut Petersen mit Unterstützung von Mitarbeitern des Instituts für Futterproduktion Paulinenaue der Akademie der Landwirtschaftswissenschaften der DDR nach den vorhandenen Vorarbeiten bearbeitet und herausgegeben.

Die vorliegende zweite Auflage wurde wiederum von Waltraut Petersen in Zusammenarbeit mit mir ausführlich überarbeitet. Nur wenige Wochen nach Abschluß der Überarbeitung starb Waltraut Petersen. In dankenswerter Weise hat sie sich für die Neuauflagen der wertvollen Gräserbücher sowie des Kleebuches ihres Mannes Asmus Petersen eingesetzt und um die Weiterführung verdient gemacht.

Günther Wacker

Inhaltsverzeichnis

Zum Gebrauch des Sauergras-Bestimmungsbuches

In diesem Buch werden vor allem die landwirtschaftlich wichtigsten grasblättrigen Sauergräser der *Cyperaceae* behandelt, die Simsen (*Scirpus*-Arten), Wollgräser (*Eriophorum*-Arten), Seggen (*Carex*-Arten), Zypergräser (*Cyperus*-Arten). Mit etwa 3700 Arten (Hegi 1966) sind die *Cyperaceae* auf der ganzen Erde als Wildflora verbreitet und da sie oft auf sumpfigen Wiesenflächen in Massen auftreten, bezeichnet man allgemein die Riedgrasgewächse auch als Sauergräser. In der nördlich gemäßigten, nicht tropischen und in der arktischen Zone sind neben den *Scirpus*-Arten, die über die ganze Erde verbreitet sind und den *Eriophorum*-Arten, die nur hier vorkommen, vor allem die *Carex*-Arten vertreten, die in der Artenzahl und in der Häufigkeit ihres Auftretens bei uns die größte Rolle spielen. Kükenthal (1909) nennt für die ganze Erde fast 800 Arten. Schultze-Motel (Hegi 1966) spricht von 1100 Arten und andere Autoren von noch mehr, bis zu 2000 Arten, was auch damit zusammenhängt, daß der Artbegriff von den einzelnen Autoren enger oder weiter gefaßt wird. Außerdem neigen die *Carex*-Arten zu besonders starker Bastardierung, ihre systematische Zuordnung wird dadurch manchmal erschwert. In der mitteleuropäischen Flora sind 119 *Carex*-Arten einheimisch (Hegi 1966).

Wir sprechen von den Sauergräsern im engeren Sinne, den *Carex*-Arten, und den Sauergräsern im weiteren Sinne oder Auchsauergräsern, wenn es sich um andere grasblättrige Gattungen der *Cyperaceae* handelt. Zusätzlich sind noch einige *Luzula*-Arten erwähnt, die aber zu den *Juncaceen* gehören, doch in ihrem Blattaufbau seggenähnlich sind.

Das Kernstück der Arbeit bildet Kapitel 2, der Schlüssel zur Bestimmung der Sauergräser im blütenlosen Zustand. Ihm vorangestellt ist ein allgemeines 1. Kapitel, in dem die einzelnen Bestandteile des Sauergrases auf ihre Unterscheidungsmerkmale hin und deren diagnostischen Wert beschrieben werden, und zwar nacheinander die Merkmale des Blattes — der Blattspreite und der Blattscheide —, des Triebes, der Grundachse und der Wurzel. Zum Verständnis des Schlüssels und seiner Handhabung sind diese Ausführungen grundlegend. Die eigentliche Bestimmung erfolgt nach Gruppen aufgrund einfacher, augenscheinlicher Blattmerkmale, nach der gleichen Bestimmungsmethode wie bei den Süßgräsern (Petersen 1988 und frühere Auflagen). Auf die bei den Süßgräsern so wichtige Gruppe der Leichtkenntlichen verzichten wir hier zunächst. Erst innerhalb der Gruppen werden einige Leichtkenntliche herausgenommen.

Im Anschluß an die spezielle Bestimmung wird jede einzelne Art innerhalb des Schlüssels noch durch eine nähere morphologische und vegetative Beschreibung und durch kurze Bemerkungen über ihren Standort zusätzlich gekennzeichnet. Diese Beschreibung wird etwas ausführlicher gestaltet als ursprünglich gedacht war. Die Bestimmung ist dadurch nicht gestört, sondern erleichtert und noch sicherer gestellt.

In jeder Gruppe werden stets zuerst die Horstsauergräser unter 1. und die Ausläufersauergräser unter 2. abgehandelt.

Zusätzlich werden am Schluß der näheren Beschreibung der einzelnen Sauergräser innerhalb des Schlüssels noch kurze Angaben über deren Blüte und Blütezeit gebracht. Simsen (*Scirpus*-Arten), Wollgräser (*Eriophorum*-Arten), Zypergräser (*Cyperus*-Arten), Hainbinsen (*Luzula*-Arten) haben zwittrige Blüten, Hainbinsen — wie die Binsen — mit

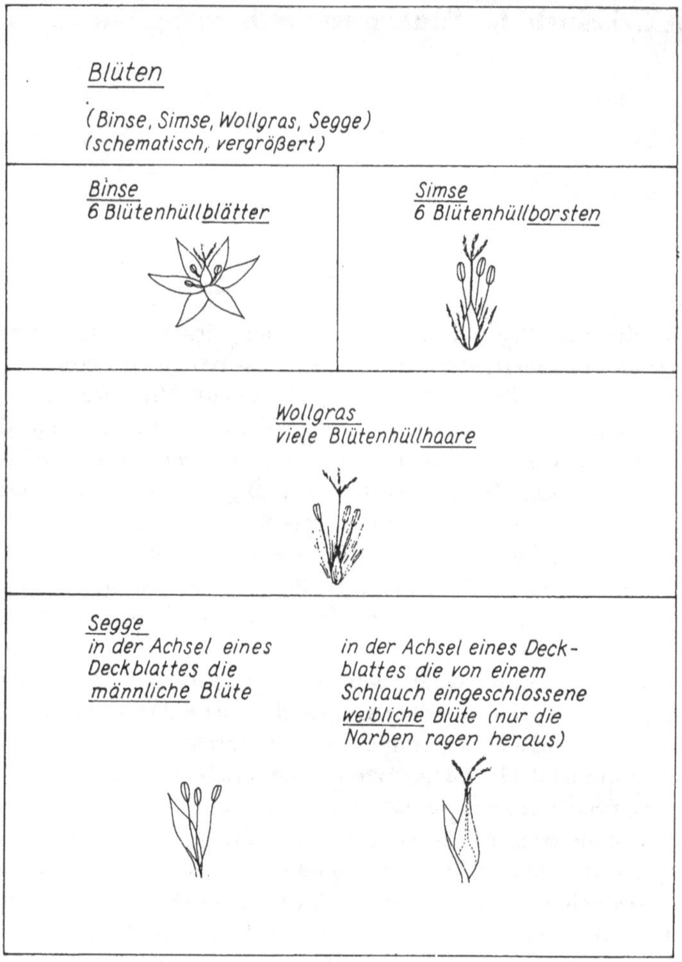

Bild 1

6 Blütenhüllblättern, allerdings nur spelzenförmig ausgebildet, Simsen mit 6 Blütenhüllborsten, Wollgräser mit vielen Blütenhüllhaaren, Zypergräser sind ohne Blütenhülle. Die Seggen (*Carex*-Arten) besitzen dagegen eingeschlechtige Blüten, ohne Perigon. Staubgefäße und Fruchtknoten sitzen in der Achsel eines spelzenförmigen Deckblattes, der Fruchtknoten noch mit einem Schlauch — schlauchförmig geschlossenes Deckblatt — umgeben, der mit demselben als Scheinfrucht abfällt (Bild 1). Nach ihrem Blütenstand unterscheidet man bei den Seggen Einährige (*Monostachyae*) und Vielährige (*Polystachyae*) und bei den letzteren Gleichährige (*Homostachyae*) mit männlichen und weiblichen Blüten in einem Ährchen und Verschiedenährige (*Heterostachyae*) mit männlichen und weiblichen Ährchen, wobei die männlichen Ährchen meist an der Spitze des Blütenstandes sitzen. Bei den einzelnen *Carex*-Arten geben wir in der Beschreibung an, ob *mo* (*monostach*), *ho* (*homostach*) oder *he* (*heterostach*). Wir sprechen hier von Ährchen. An der Blütenstands spindel sitzen die einzelnen Blüten — Deckspelze mit Staubgefäßen oder Fruchtschlauch — ährenartig verteilt und nicht die Ährchen wie bei den *Gramineen*. *Scirpus*-, *Luzula*- und *Cyperus*-Arten bilden spirrige Blütenstände, *Eriophorum*-Arten spirrige Dolden oder einzelne, endständige Ährchen.

Die Angabe der „Blüten"farbe in der Beschreibung bezieht sich auf die Deckspelzen. Oft haben diese bei den *Carex*-Arten einen auffällig anders gefärbten Mittelstreifen. Dann geben wir beide Farben an, verbunden mit einem kleinen Bindestrich, und zwar zuerst die Farbe der Deckspelze.

Aus didaktischen Gründen wurde das dekadische System im Hauptschlüssel dahin vereinfacht, daß innerhalb der einzelnen Gruppen des Hauptschlüssels nicht alle vorhergehenden Zahlen in Erscheinung treten, sondern nur diejenigen, die jeweils zu einer der acht Gruppen gehören. Wir wollten vor einem Zuviel an Zahlen bewahren, außerdem sollen innerhalb des Schlüssels die acht Gruppen im Vordergrund stehen. Um das noch zu unterstützen, wurde die Zahl der jeweiligen Gruppe im Schlüssel durch halbfetten Druck hervorgehoben.

Dem Schlüssel folgt in einem letzten 3. Kapitel eine zusammenfassende Darstellung über den Standort, den Wert der Sauergräser und deren Bekämpfung.

Den Schluß der Arbeit bildet das Literaturverzeichnis, sowie ein Verzeichnis der deutschen und wissenschaftlichen Namen der abgehandelten Sauergräser, wobei wir uns bei den heute geltenden wissenschaftlichen Namen nach W. Schultze-Motel (Hegi 1966) und W. Rothmaler (1984) richteten. Im Schlüssel sowie in den Verzeichnissen werden auch die gebräuchlichsten Synonyma mit aufgeführt.

Zum besseren Verständnis finden sich innerhalb des 1. Kapitels einige Bildtafeln und Bilder mit den typischen, charakterisierenden Merkmalen der Sauergräser.

In dieser Arbeit werden nur die Arten berücksichtigt und auf die Varianten kaum eingegangen. Auch kommt es bei der großen Neigung der *Carex*-Arten zu variieren, oft zu unbedeutenden Formen in der Natur.

Es ließe sich vielleicht streiten, ob die eine oder andere Art hätte mit aufgenommen werden müssen, aber wer sich intensiv mit dem Schlüssel beschäftigt, wird fehlende Arten einordnen können.

1. Allgemeine Erläuterungen zur Bestimmung der Sauergräser im blütenlosen Zustand

1.1. Vorbemerkungen über die Unterscheidung der Sauergräser von den Süßgräsern

Die Sauergräser im engeren Sinne (*Carex*-Arten) unterscheiden sich von den Süßgräsern im blütenlosen Zustand durch die dreizeilige Blattanordnung. Die Blätter gehen bei den Sauergräsern nach drei Seiten, in drei Zeilen ab, während sie bei den Süßgräsern in zwei Zeilen angeordnet sind (Bild 2).
In der Dreizeiligkeit der Blattanordnung tritt bei den Sauergräsern der dreiseitige Aufbau des Triebes in Erscheinung, und zwar auch dort, wo der Trieb äußerlich rund ist.
Diese dreizeilige Blattanordnung bildet das einzige Unterscheidungsmerkmal der Sauergräser gegenüber den Süßgräsern, die nicht nur an den entfalteten Blättern, sondern auch auf dem Triebquerschnitt zu erkennen ist. Schon O. Wehsarg machte darauf aufmerksam, daß selbst der äußerlich rundeste Trieb nach dem Innern zu eine dreikantige Form annimmt, sobald man dort auf die jungen, unfertigen, noch blattscheidenlosen, durch interkalares Wachstum am Blattgrund nachgeschobenen Blätter stößt.
Alle anderen oft genannten Unterscheidungsmerkmale sind dagegen nicht zutreffend oder nicht brauchbar.
Nicht jeder Sauergrastrieb ist, wie bereits erwähnt, auch äußerlich dreikantig. Oft ist er rund, wenigstens am Grunde, manchmal aber typisch auf seiner ganzen Länge. Alle Sauergräser im engeren Sinne, alle *Carex*-Arten, besitzen ein Blatthäutchen, nicht dagegen alle Süßgräser wie Schilfrohr, Pfeifengras, Dreizahn, einige Hirsearten u. a. m. Nur einige wenige *Carex*-Arten in Außereuropa, die wie *Carex fraseri* Andr. ohne Blattscheide sind, haben entsprechend auch kein Blatthäutchen, denn das Blatthäutchen ist ein Blattscheidenmerkmal. Immer aber ist bei den einheimischen *Carex*-Arten wenigstens eine Blatthäutchenspur vorhanden. Nur bei einigen wenigen „Auchsauergräsern", d. h. Grasblättrigen mit dreizeiliger Blattanordnung, die nicht zu den *Carex*-Arten gehören, wie *Cladium mariscus*, *Cyperus esculentus*, *Cyperus flavescens*, fehlt auch diese.
Eine geschlossene Blattscheide, wie die Sauergräser, haben auch viele Süßgräser, werden doch beispielsweise die *Bromus*-Arten im blütenlosen Zustand durch die auffällig geschlossene Blattscheide von uns gekennzeichnet (Petersen 1988).
Schließlich versagt zur Unterscheidung ebenfalls, daß die Halme der Süßgräser hohl und die der Sauergräser markig sind. Das trifft zwar mit einigen Ausnahmen zu, aber die Unterschiede sind an den Blatttrieben noch nicht vorhanden bzw. kaum zu erkennen.
Eine dreizeilige Blattstellung zeigen außer den *Carex*-Arten noch die Sauergräser im weiteren Sinne, die Wollgräser (*Eriophorum*-Arten), Simsen (*Scirpus*-Arten), Zypergräser (*Cyperus*-Arten), die Schneide (*Cladium mariscus*). Sie erscheinen im blütenlosen Zustand so seggenähnlich, daß wir keine Sondergruppen für diese Arten aufstellen, sondern sie gemeinsam mit den *Carex*-Arten bestimmen. Moorbinsen (*Rhynchospora*-Arten) und Kopfbinsen (*Schoenus*-Arten) wurden nicht mit aufgenommen, dagegen einige Hainbinsen (*Luzula*-Arten).
Nur wenige landwirtschaftlich wichtige Sauergräser sind abweichend und nicht seggenähnlich gestaltet, sie wirken wie Binsen; so vor allem die Flechtsimse (*Scirpus lacustris*), mit dicker liegender Grundachse, Höhe bis 5 dm, Blüte Juli. Sie hat einen ähnlichen Standort wie das Schilfrohr (*Phragmites australis*) und spielt wie alle Röhrichte bei der

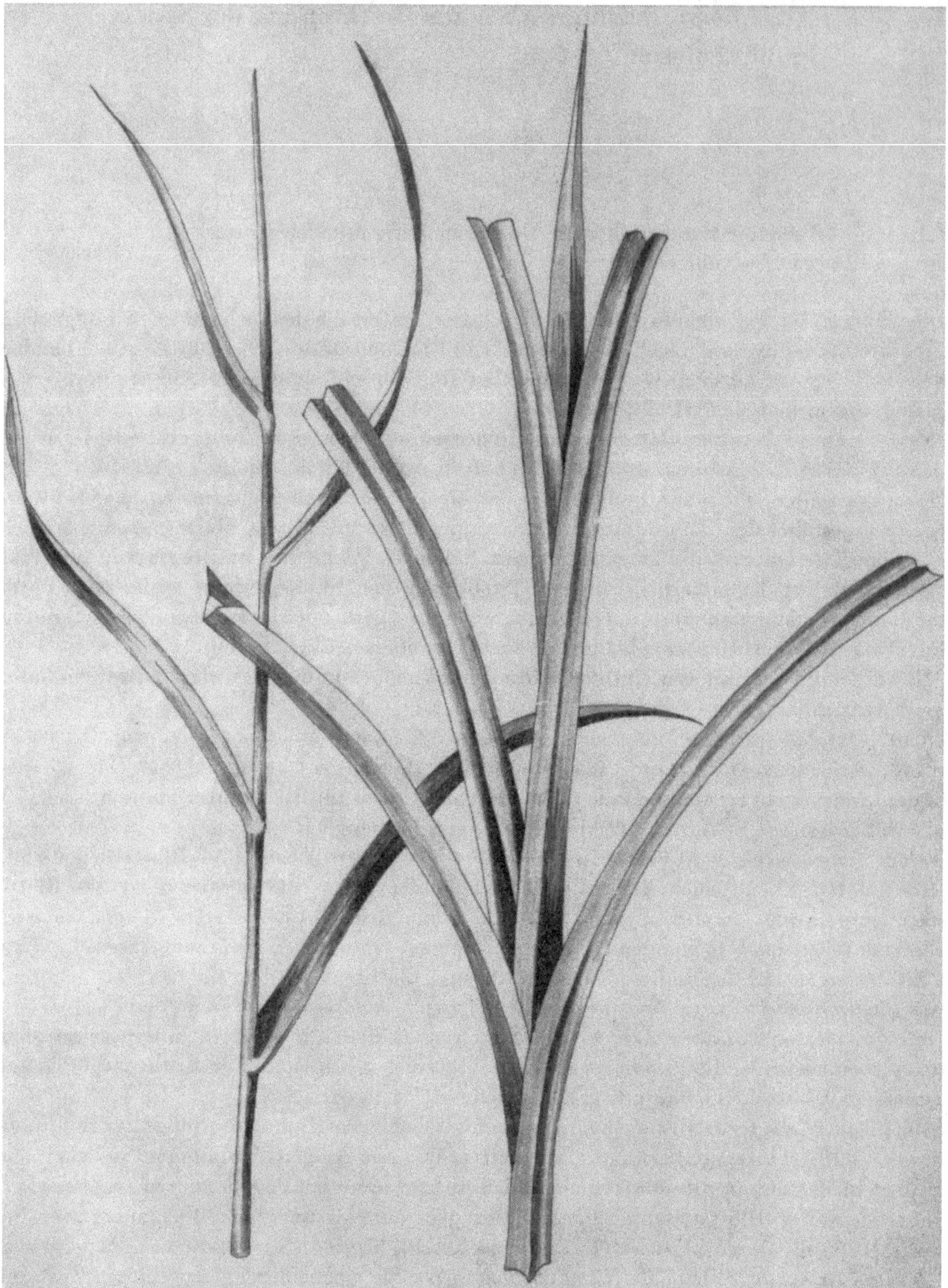

Bild 2

Verlandung von Seen eine Rolle. Ihre Bedeutung zur Landgewinnung ist allgemein, auch in den Niederlanden, zurückgegangen. Sonst wird sie zur Herstellung von Flechtwerken verschiedenster Art benutzt. Zu den binsenartigen Simsen gehört auch die Sumpfsimse (*Eleocharis palustris*), mit kriechender Grundachse, Höhe bis 50 cm, Blüte Juli. Sie bildet in seichtem Wasser oder in Sümpfen hier und da dichte Bestände. Diese beiden Arten erwähnen wir nur besonders, um darauf aufmerksam zu machen, daß es auch binsenähnliche Sauergräser gibt, die botanisch sonst mit den Binsen nichts zu tun haben.
Hingewiesen sei auch darauf, daß noch einige Binsen (*Juncaceae*) außer den Sauergräsern süßgrasähnliche Blätter besitzen. Es handelt sich dabei nicht um die allgemein bekannten großen Bültbinsen, die stellenweise zu den schlimmsten Grünlandunkräutern gehören und röhrig zylindrische Binsenblätter haben, wie die Knäuelbinse (*Juncus conglomeratus*) und die Flatterbinse (*Juncus effusus*), auch nicht um eine Reihe von Ausläuferbinsen, die auf dem Grünland wichtige Anzeiger sind und durch gegliederte, knotige Binsenblätter gekennzeichnet sind, wie die Stumpfblütige Binse (*Juncus obtusiflorus*), sondern um gewisse Binsen mit flachen, ausgebreiteten Blättern, um die grasblättrigen Binsen, deren grasähnliche Blätter aber zweizeilig wie bei den *Gramineen* und nicht dreizeilig wie bei den *Caricees* angeordnet sind. Dazu gehören u. a. die Salzbinse (*Juncus gerardi*), eines der besten „Gräser“ der Salzwiesen und -weiden und die Krötenbinse (*Juncus bufonius*), ein sogenannter „Schmierekeimer“, d. h. Anzeiger für verdichteten, feuchtnassen, dränagebedürftigen Acker. Sie tritt auf dem Grünland oft als Vorläufer der beiden gefährlichen Horstbinsen auf.
Im folgenden sprechen wir allgemein nur von Sauergräsern, der wissenschaftliche Name gibt dann Aufschluß über die Zugehörigkeit zu den verschiedenen Gattungen der großen Familie der Riedgrasgewächse (*Cyperaceae*).

1.2. Die einzelnen Unterscheidungsmerkmale der Sauergräser zur Bestimmung im blütenlosen Zustand

Als Unterscheidungs- und Bestimmungsmerkmale der Sauergräser im blütenlosen Zustand kommen solche des Laubblattes — der Blattspreite und der Blattscheide —, des Triebes, der Grundachse und der Wurzeln in Betracht.

1.2.1. Die Unterscheidungsmerkmale der Blattspreite

1.2.1.1. Farbe

Das Grün der einzelnen Sauergrasarten ist an sich so unterschiedlich, daß man versucht sein könnte, eine Einteilung in Gruppen nach der Nuancierung der Blattfarbe vorzunehmen. Aber die Farbe ist so wenig konstant, je nach der Abart ist sie verschieden, sie wechselt doch so sehr mit dem Standort, namentlich ob die Pflanzen mehr im Schatten oder im Licht gewachsen sind; sie erscheint auch je nach der Beleuchtung und überhaupt je nach dem Umfeld so unterschiedlich; sie ist bei jungen und alten Blättern oft so ungleich, sehr viele Blätter dunkeln im Alter nach, daß eine Gruppeneinteilung etwa in hellgrüne, dunkelgrüne, graugrüne, blaugrüne, gelbgrüne, braungrüne Arten, an die man zunächst denken könnte, nicht anzuraten ist. Lediglich zur Einzelbestimmung innerhalb der Gruppen wird die Farbe in einigen Grenzfällen brauchbar, so das Graugrün der Grauen Segge (*Carex canescens*), das Graublaugrün der Hirsensegge (*Carex panicea*), das Blaugrün der Blaugrünen Segge (*Carex flacca*) und das Blaugrün der Blattunterseite bei der Sumpfsegge (*Carex acutiformis*), das Weißliche der Blattoberseite bei der Schnabelsegge (*Carex rostrata*) u. ä. m. Dabei ist, wie die letzten Beispiele zeigen, besonders auch auf die unterschiedliche Färbung von Blattober- und Blattunterseite zu achten. Außer der eigentlichen Farbe der Blätter wird auch deren Glanz, ob stumpf oder glänzend, gelegentlich als Unterscheidungsmerkmal zu gebrauchen sein.

1.2.1.2. Zeichnung

Das unterschiedliche Hervortreten der Leitbündel, die verschieden starke Ausbildung der mechanischen Gewebe, das im Blatt der Sauergräser im Gegensatz zu den *Gramineen* im allgemeinen außerordentlich stark entwickelte Durchlüftungssystem bedingen eine mehr oder weniger starke Linierung der Ober- und Unterseite der Blattspreiten. Diese verschiedene Zeichnung mag hin und wieder einmal zur Unterscheidung der Sauergräser im einzelnen dienlich sein. Ein höherer taxonomischer Wert wird gewöhnlich den Querverbindungen zwischen den Gefäßbündeln beigemessen, die, wo sie vorhanden sind, die Blätter schwächer oder stärker gegittert erscheinen lassen. Bei der Bestimmung im Blüten- und Fruchtzustand wird dieses Merkmal nicht nur nebenbei, sondern zu großen entscheidenden Unterteilungen herangezogen. So unterteilt KÜKENTHAL (1909) die *Odontostomae*, d. h. die eine der beiden großen Unterabteilungen der *Heterostachyae*, lediglich nach diesem Merkmal in die Sektionen, trennt die *Pseudocyperiae*, die *Physocarpae*, die *Paludosae* und die *Hirtae* von den übrigen Sektionen der *Odontostomae* ab („*folia septato nodosa gegen folia nunquam septato nodosa*"). Trotzdem können wir bei unserer Bestimmung im blütenlosen Zustand die Gitterung zur gruppenbildenden Kennzeichnung nicht benutzen, weil es so viele Sauergräser außerhalb der *Odontostomae* gibt, die ebenfalls Querverbindungen zwischen den Gefäßbündeln aufweisen. Zur Unterscheidung im einzelnen wird dieses Merkmal allerdings auch von uns in manchen Fällen herangezogen.

Die größte Bedeutung aber kommt der Zeichnung zu, die sich aus der Anordnung der Spaltöffnungen ergibt. Bei manchen Arten befinden sich diese nur an der Blattunterseite, bei anderen an der Blattoberseite oder auch oben und unten. So sind Schlanksegge (*Carex gracilis*) und Braune Segge (*Carex nigra*), die manchmal etwas schwierig zu trennen sind, wahrscheinlich dadurch eindeutig zu unterscheiden. Die Braune Segge zeigt bei starker Lupenvergrößerung auf der Blattoberseite weiße Spaltöffnungen, die Schlanksegge nicht. Wir verzichten aber trotzdem auf die Verwendung dieses Merkmals, obgleich es sicherlich zu wesentlichen Unterschieden führen kann, weil die Erkennung nur unter Zuhilfenahme einer sehr starken Lupe möglich ist und auch dann nicht immer korrekt oder überhaupt nur mikroskopisch feststellbar ist.

1.2.1.3. Breite

Die Breite der Blattspreite wechselt bei den Sauergräsern von Art zu Art zwischen 1 mm und 20 mm und noch mehr. Da diese bei vielen Arten recht konstant ist, bildet sie häufig ein brauchbares Unterscheidungsmerkmal. Sie wird deshalb zur Differenzierung im einzelnen innerhalb der Gruppen immer wieder benutzt. Zweckmäßigerweise geben wir die Breite der Blätter in mm an. Wir bezeichnen Blattbreiten

bis 1 mm	als sehr schmal
1—2 mm	als schmal
2—5 mm	als mittelbreit
5—10 mm	als breit
10—20 mm	als sehr breit

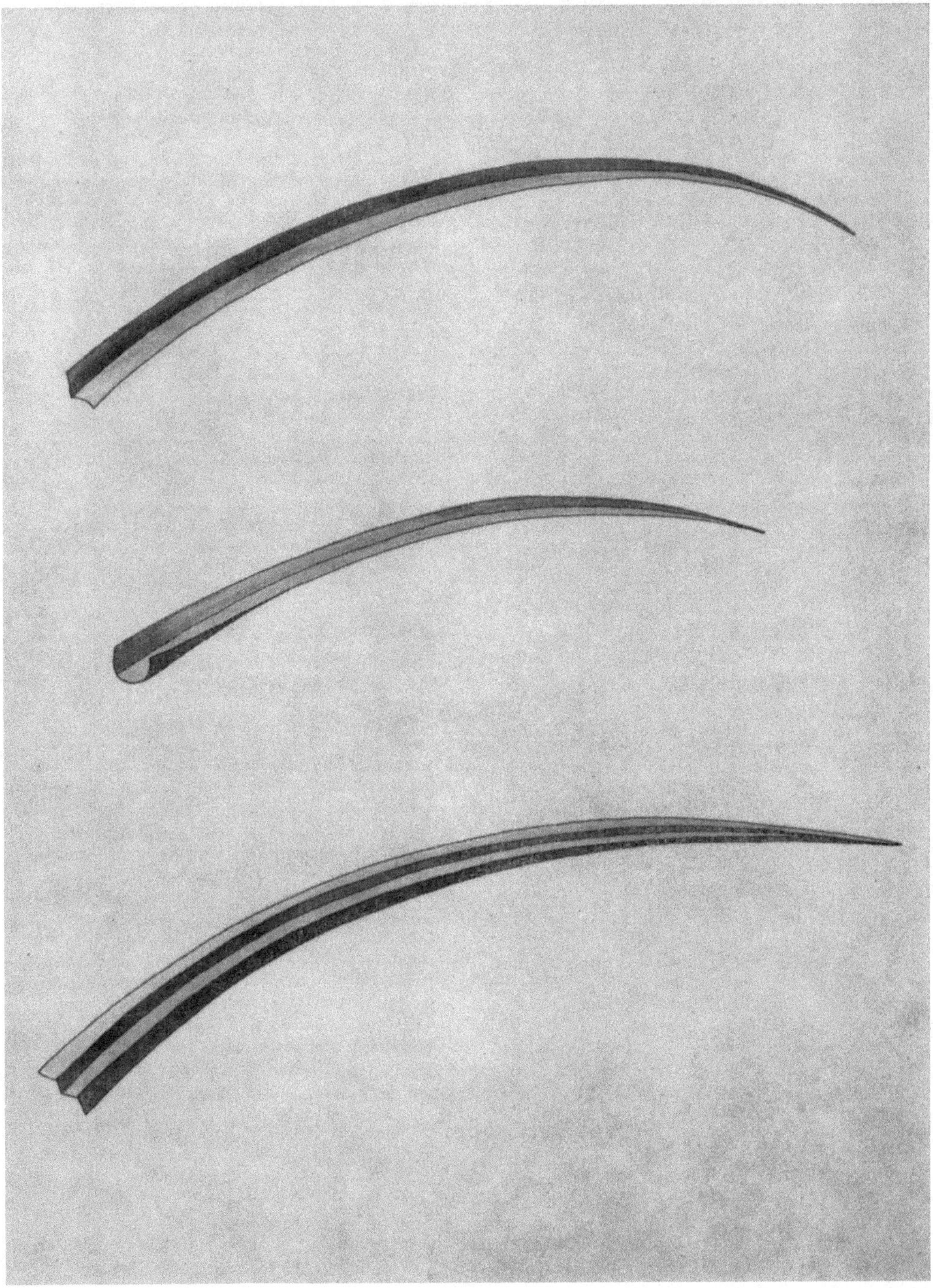

Bild 3

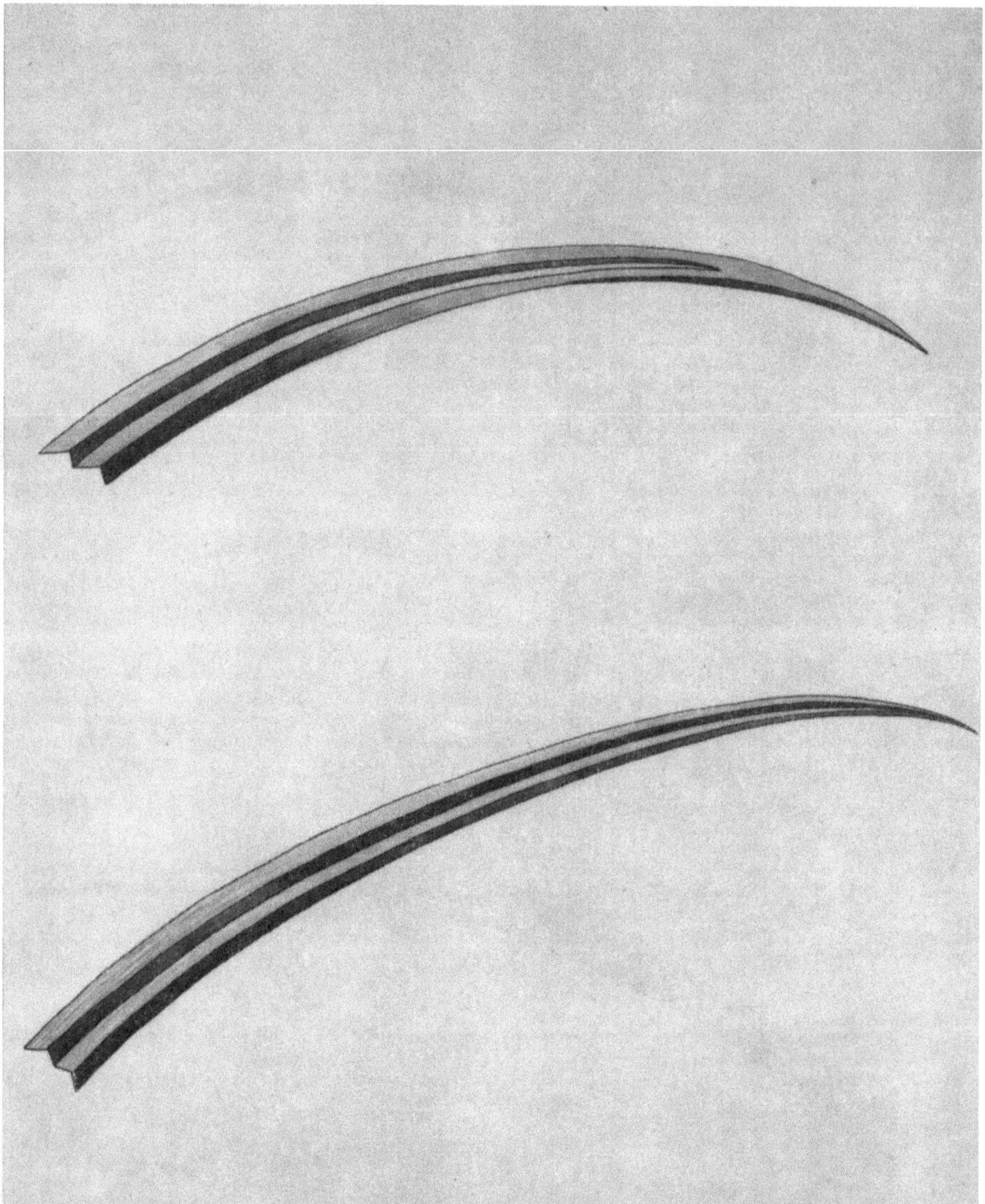

Bild 4

Sehr breite Blätter, bis 20 mm und mehr, hat außer der Pendelsegge (*Carex pendula*) noch die Ufersegge (*Carex riparia*) und die Sumpfsegge (*Carex acutiformis*). Auch die Blätter der Waldsimse (*Scirpus sylvaticus*) können über 20 mm breit werden.

1.2.1.4. Form

Wie nicht anders zu erwarten, gehört die Blattform, die Ausgestaltung der Blattspreite, bei der Bestimmung der Sauergräser im blütenlosen Zustand zu den Hauptmerkmalen. Wichtig ist mehr als alles andere der Blattquerschnitt, der so unterschiedliche Blattformen erkennen läßt, daß er zur Differenzierung mehrerer Gruppen herangezogen wird. Danach unterscheiden wir zunächst nichtausgebreitete Blattspreiten und ausgebreitete Blattspreiten. Alle Sauergräser, deren Blattspreite im Querschnitt ein Dreikant bildet, also nicht ausgebreitet, sondern borstig gestaltet ist, haben wir zur zweiten Gruppe mit Dreikantblättern oder mit Borstblättern vereinigt. Je nachdem, ob bei den übrigen Sauergräsern, mit ausgebreiteter Blattspreite also, der Blattquerschnitt einfach rinnenförmig ausgebildet ist oder die Seitenränder der rinnigen Blätter auch noch zurückgeschlagen oder, besser, abgeknickt sind, hat weiter eine Unterteilung in die sechste Gruppe mit einfachen Rinnenblättern und in die siebente und achte Gruppe mit Knickrandblättern stattgefunden.
Die Blattform, die im Blattquerschnitt zum Ausdruck kommt, ist also ein wesentliches Gruppenmerkmal (Bild 3).
Wertvoll für die Bestimmung, wenn auch nicht ebenso wichtig wie die Form des Blattquerschnittes, ist die Form der Blattspitze. Zur Gruppenbildung wird dieses Merkmal allerdings nicht benutzt, wohl aber ist es bei der Unterteilung innerhalb der Gruppen oftmals sehr willkommen. Kennzeichnend für viele Arten ist eine dreikantige, nicht flächige Blattspitze. Für Waldsimse (*Scirpus sylvaticus*), Fuchssegge (*Carex vulpina*) und manche *Carex*-Art mehr trifft das zu, ebenso für die beiden Wollgräser, dem Schmalblättrigen und dem Breitblättrigen Wollgras (*Eriophorum angustifolium* und *E. latifolium*), während das Scheidige Wollgras (*E. vaginatum*) sogar ein Dreikantblatt besitzt. Einige Sauergräser haben eine sogenannte Schwielenspitze wie das Hasenbrot (*Luzula campestris*) oder eine typisch stumpfe Spitze wie die Polstersegge (*C. firma*). Bei den meisten Sauergräsern läuft die Blattspreite dagegen ohne diese Besonderheiten mehr oder weniger spitz aus (Bild 4). Dann besagt die Form kaum etwas. Und ob eine Spreite sich mehr oder weniger schnell zuspitzt, wechselt bei den Blättern ein und derselben Pflanze. So enden auch meist die Jugendblätter stumpfer als die Altersblätter. Gelegentlich sind die Umrißformen des ganzen Blattes von Wichtigkeit, so das Zusammenlaufen — das Verjüngen — der Blattspreite auch nach dem Grunde zu, wie es bei der Vogelfußsegge (*C. ornithopoda*) und der Fingersegge (*C. digitata*) vorkommt.

1.2.1.5. Länge

Es gibt Sauergräser, deren Blätter nie die Länge eines Dezimeters erreichen wie die Polstersegge (*Carex firma*), während die Blätter anderer Sauergräser mehr als 10 dm lang werden, ja einiger Arten sogar 20 dm und darüber, wie es für die beiden besten Streupflanzen, der Spitzsegge und der Sumpfsegge (*Carex gracilis* und *Carex acutiformis*), zutrifft. Trotzdem bietet die Blattlänge zur Bestimmung kein entscheidendes Merkmal. Sie wechselt zunächst sehr mit den bei den Sauergräsern sehr häufigen Abarten, dann aber stärker, als man gewöhnlich annimmt, mit der Jahreszeit. Selbst die an sich langblättrigen Sauergräser haben nicht nur im Frühjahr verhältnismäßig kurze Blätter, sondern auch zur Blüte- und Fruchtzeit sind diese noch nicht ausgewachsen. Erst im Juli/August nach der Seggenblüte strecken sich die inneren jungen Blätter durch interkalares Wachstum am Blattscheidenansatz zu ihrer oft außerordentlichen Länge. Immerhin gewährt die Blattlänge doch in einigen Grenzfällen bei der Bestimmung schätzbare Anhaltspunkte. Die Polstersegge (*Carex firma*) ist allein schon durch die sehr kurzen Knickrandblätter genügend charakterisiert. Bei den Beschreibungen geben wir die Länge in dm an und nennen:

bis 1 dm	sehr kurz,
1—2 dm	kurz,
2—5 dm	mittellang,
5—10 dm	lang,
10—20 dm	sehr lang.

1.2.1.6. Haltung

Man kann Sauergräser mit spitzwinklig aufrecht stehenden, mehr oder weniger rechtwinklig abstehenden und stumpfwinklig abwärtsgeneigten Blättern unterscheiden und könnte noch leicht weitere Blatthaltungen ausfindig machen. Aber zur genauen Bestimmung eignen sich solche Merkmale kaum. Nur ganz spezifische Eigenheiten, so das typisch Zurückgekrümmte der Blattspreiten wie bei der Heidesegge (*Carex ericetorum*), werden von uns als Kennzeichnung verwendet. Auch das Starre oder Schlaffe in der Haltung der Blätter kann gelegentlich einmal zur Unterscheidung dienen, wenigstens aber zur näheren Beschreibung.

1.2.1.7. Zähnelung

Daß die Blattspreiten der Sauergräser am Rande alle mehr oder weniger von Zähnen sägig scharf sind, ist bekannt, wie der Volksname „Schnittgras" für die Sauergräser besagt. Die Zähne sind im allgemeinen nach vorwärts zur Blattspitze gerichtet, so daß die gezähnten Blätter mehr oder weniger rückwärts rauh erscheinen, d. h. sich beim Überfahren mit der Hand von der Spitze des Blattes nach dem Grunde zu rauh anfühlen, nicht umgekehrt. Ob nun das Blatt ganz glatt oder aber an den Rändern oder auch an dem unteren Blattkiel mehr oder weniger rauh ist, wurde bei der Unterscheidung der Sauergräser schon immer beachtet und wird auch von uns mit berücksichtigt. Wichtiger ist ein anderes Merkmal, das wir direkt zur Gruppenbildung herangezogen haben, von dem bisher in der Literatur kaum eine Andeutung zu finden ist. Bei Besprechung der verschiedenen Blattquerschnittsformen wurden bereits die siebente und achte Gruppe mit Knickrandblättern herausgestellt. Die Knickrandblätter sind nun bei einer Anzahl von Sauergräsern nicht nur am Rande und unteren Kiel durch Sägezähne rückwärts rauh und eventuell sogar sehr rauh, sondern auch auf der Blattoberseite, d. h. auf den Knickrändern oder, besser, Knickkielen. Dementsprechend unterscheiden wir die siebente Gruppe mit oberseits glatten Knickrandblättern und die achte Gruppe mit oberseits rauhen Knickrandblättern.

Die Prüfung muß mit Umsicht vorgenommen werden. Oberflächlich rauh fühlen sich alle Blätter an, wenn man die Blattränder beim Abtasten mit berührt, was sehr leicht geschieht, noch dazu, da sich die Untersuchung in erster Linie auf die schmäleren Teile der Blattspreite unterhalb der Blattspitze zu erstrecken hat, denn nach dem Grunde zu werden oft alle Blätter auf den Knickkielen mehr und mehr glatt, ganz besonders bei älteren Pflanzen. Einige wenige Sauergräser wie die Heidesegge (*Carex ericetorum*), die Pillensegge (*Carex pilulifera*) und die Frühlingssegge (*Carex caryophyllea*) sind auf der ganzen Blattoberseite rauh.

1.2.1.8. Behaarung

Nur wenige Sauergräser sind behaart. Die Gruppe mit behaarten Blättern umfaßt aber doch mehr Arten, als bisher in der Literatur genannt worden sind. Zu den behaarten Arten gehören ebenfalls die Bergsegge (*Carex montana*) und die Filzsegge (*Carex tomentosa*). Die Bergsegge ist ausschließlich auf der Blattoberseite und die Filzsegge ausschließlich auf der Blattunterseite mit feinen Haaren besetzt. Man sieht die Behaarung sehr deutlich unter Zuhilfenahme einer Lupe; aber auch mit bloßem Auge bei passender Haltung, z. B. beim Biegen der Spreite über den Finger und gegen das Licht gehalten, ist diese leicht festzustellen. Die Sauergräser mit behaarten Blättern sind von uns zur dritten Gruppe zusammengefaßt worden.

1.2.1.9. Sonstige Merkmale

Außer Farbe, Zeichnung, Breite, Form, Länge, Haltung, Zähnelung und Behaarung können bei einigen Sauergräsern noch andere Eigenschaften der Blattspreite zur Bestimmung im einzelnen bedeutsam werden, so gelegentlich die Dicke der Blätter und deren Konsistenz.

Nach den Merkmalen der Blattspreite sind also recht viele Gruppen gebildet worden: die zweite Gruppe mit Dreikant- oder Borstblättern, die dritte Gruppe mit behaarten Blättern, die sechste Gruppe mit einfachen Rinnenblättern, die siebente und achte Gruppe mit oberseits glatten bzw. oberseits rauhen Knickrandblättern. Auch bei der Unterscheidung im einzelnen spielen die Blattspreitenmerkmale eine entsprechend große Rolle. An Bedeutung bei der Bestimmung kommt der Blattspreite nur noch die Blattscheide gleich oder doch nahe.

1.2.2. Die Unterscheidungsmerkmale der Blattscheide

An der geschlossenen Blattscheide der Sauergräser können wir entsprechend dem äußerlich mehr oder weniger dreiseitig erscheinenden Aufbau zwei gesondert zu betrachtende Teile unterscheiden: die der Blattspreite gegenüberliegende vordere Scheidenwand oder Bauchscheidenwand und die sich in die Blattspreite fortsetzenden beiden hinteren Scheidenwände oder Rückenscheidenwände (Bild 5).

Obwohl auf die taxonomische Bedeutung der Blattscheidenwände und ihrer Nebenorgane schon 1859 von M. Durieu de Maisonneuve aufmerksam gemacht wurde und J. Lange im Jahre 1864 Scheidenmündung und Scheidenhaut bei den dänischen *Carex*-Arten beschrieben hat, blieben diese Hinweise bis jetzt im Grunde doch ziemlich unbeachtet. Der fasernetzige bzw. lappige Zerfall der vorderen Scheidenwand und die farbige Nuancierung der hinteren Scheidenwände, die schon von Maisonneuve herausgestellt wurden, sind zwar in die Bestimmungsbücher übergegangen, aber man kann heute noch lesen, daß ein Blatthäutchen bei den *Carex*-Arten zu den Seltenheiten gehöre, was Maisonneuve damals schon zu rügen hatte und von uns weiter vorn dahin richtiggestellt wurde, daß es überhaupt nicht eine einzige *Carex*-Art ohne Blatthäutchen gibt, es sei denn einige wenige Arten in Außereuropa, die keine Blattscheide besitzen und damit auch kein Blatthäutchen.

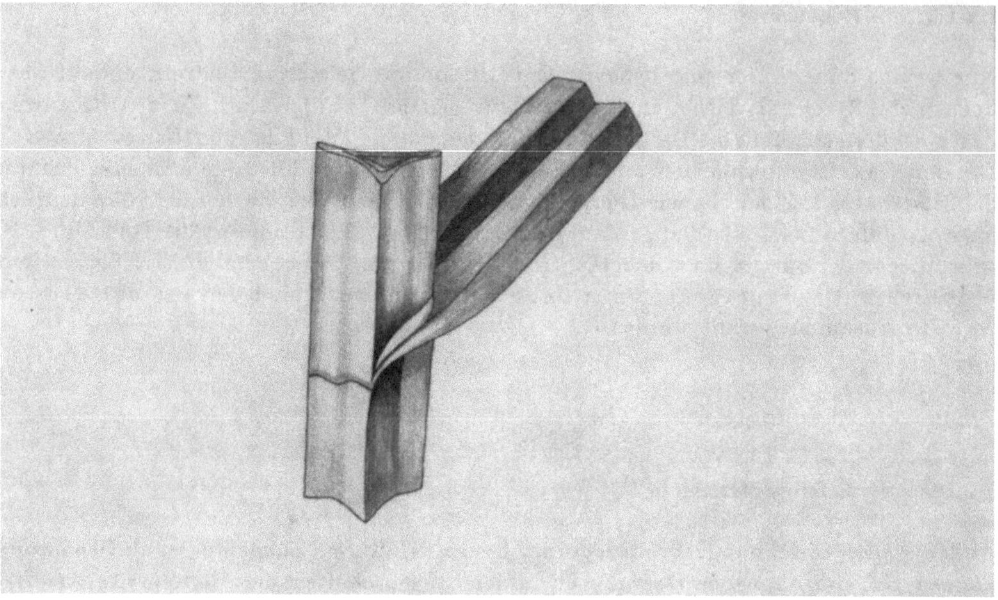

Bild 5

1.2.2.1. Die vordere Scheidenwand (Bauchscheidenwand)

1.2.2.1.1. Beschaffenheit

Die vordere Scheidenwand ist im Gegensatz zu den beiden hinteren Scheidenwänden allgemein nicht krautig entwickelt, sondern besteht lediglich aus einer häutigen Membran, die sich als Oberhaut auf der Innenseite der beiden hinteren Scheidenwände zylinderförmig geschlossen fortsetzt, mit der die beiden hinteren Scheidenwände gleichsam inwendig ausgekleidet sind und die dort meistens nur in der Verlängerung nach oben über die hinteren Scheidenwände hinaus äußerlich als Blatthäutchen sichtbar wird (Bild 5). Die Bauchscheidenwand kann sehr zart sein und frühzeitig zerfallen, daß es oft schwer fällt, überhaupt eine heile vordere Scheidenwand zur näheren Untersuchung zu finden. In anderen Fällen ist sie dickhäutiger und hält länger aus. Bei manchen Arten ist sie schneeweiß und wechselt bei anderen Arten bis in einen bräunlichen Ton. Zuweilen ist die Bauchscheidenwand von einem Gefäßbündelfasernetz durchzogen, das nach dem Auflösen der Haut noch länger erhalten bleibt. Wir sprechen dann von einem fasernetzigen Zerfall (Bild 6) im Gegensatz zum nichtnetzigen, lappigen Zerfall der Bauchscheidenwand.

Von dieser verschiedenartigen Beschaffenheit der häutigen Bauchscheidenwand wird bei der Einzelbestimmung innerhalb der Gruppen in sehr vielen Fällen Gebrauch gemacht.

Nur in Ausnahmefällen ist die vordere Scheidenwand nicht häutig, sondern krautig wie die hinteren Scheidenwände entwickelt und ebenso wie diese nur auf der Innenseite mit einer Haut bekleidet. Das trifft beispielsweise auf die Kammsegge (*Carex disticha*), die Meersimse (*Scirpus maritimus*) und auf die Stricksegge (*Carex chordorrhiza*) zu, die allein schon dadurch gut gekennzeichnet sind, so daß man versucht sein könnte, sie als „Leichtkenntliche“ auf Grund dieses Merkmals herauszustellen. Eine solche krautige Ausbildung kommt nur in diesen seltenen Fällen vor. Der bloße Augenschein kann bei der Bestimmung aber sehr leicht täuschen. Die vordere Scheidenwand erweckt, wenn sie

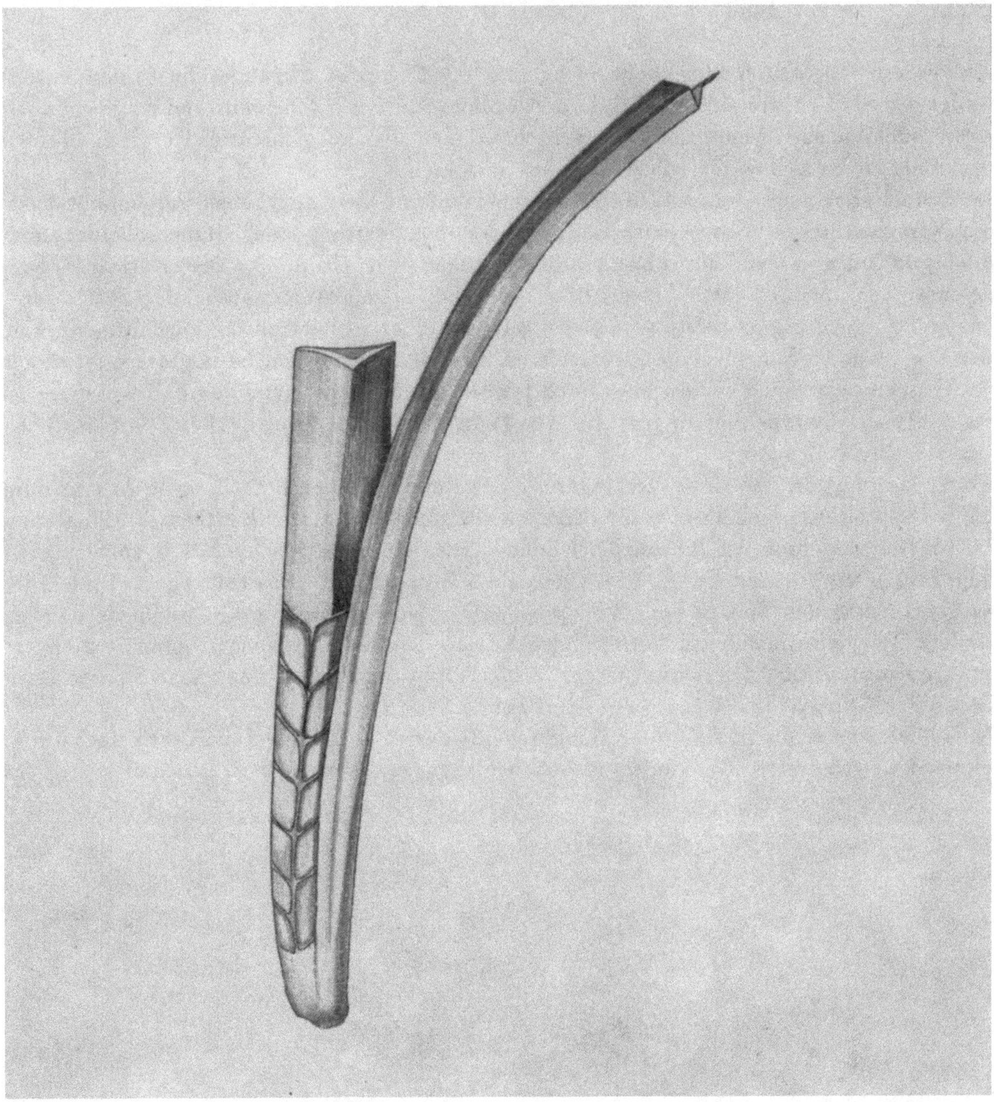

Bild 6

besonders dünnhäutig und farblos ist, bei sehr vielen Arten einen krautigen und sogar grünen Eindruck, weil eine der krautigen hinteren Scheidenwände des darunter liegenden nächst jüngeren Blattes durchscheint. Zur genaueren Feststellung der Beschaffenheit der vorderen Scheidenwand ist es erforderlich, eine Blattscheide herauszupräparieren. Das geschieht am einfachsten in der Weise, daß man den Trieb reichlich fingerbreit unterhalb der Mündung der zu untersuchenden Blattscheide oder unterhalb des Blattspreitenabgangs abschneidet oder besser abkneift und die jüngeren Blätter nach oben herauszieht. Man behält dann die zu untersuchende Scheide fein säuberlich herauspräpariert in der Hand. Auch die herausgezogenen jüngeren Blätter lassen sich bei der weiteren Untersuchung verwenden, sofern sie schon voll ausgebildet sind, d. h. außer der Blattspreite bereits eine Blattscheide entwickelt ist.

1.2.2.1.2. Oberer Rand

Die vordere Scheidenwand schließt in der Regel in Höhe des Abganges der beiden Seitenränder der Blattspreite ab (siehe Bild 5). Der obere Rand der Scheidenwand ist gewöhnlich gerade oder doch nur wenig nach unten ein- bzw. nach oben ausgebuchtet. Unterscheidungsmerkmale lassen sich in diesem Falle kaum gewinnen.
Es kommt aber auch vor, daß die Bauchscheidenhaut weit nach oben ausgebuchtet ist. Wir sprechen dann von einem Bauchscheidenhautfortsatz oder Bauchscheidenhautanhängsel oder einem Bauchscheidenhautlappen (Bild 7). Dieser Hautlappen, gleichsam ein um 180° verschobenes Blatthäutchen, hat ein Analogon bei den Süßgräsern. Das einblütige Perlgras (*Melica uniflora*) unterscheidet sich durch diesen häutigen Fortsatz der vorderen Scheide von allen anderen Süßgräsern. Bei den Sauergräsern ist dieser Hautlappen zwar auch selten, aber doch typisch für manche Arten, so daß wir diese zu einer eigenen Gruppe vereinigen, zur fünften Gruppe, Sauergräser mit Bauchscheidenhautlappen.
Weiter kommt vor, daß diese Verlängerung der Bauchscheidenhaut über die Abzweigung der Blattspreitenränder hinaus mit dem Blatthäutchen, d. h. der häutigen Verlängerung der Innenauskleidung der hinteren Scheidenwände, zu einem geschlossenen, sogenannten Hautkragen verwachsen ist. Es liegt dann ein Blattscheidenhautkragen (Bild 8) im wahrsten Sinne des Wortes vor. Wir sprechen nur von einem solchen, wenn die häutige vordere Scheidenwand deutlich auffällig über dem Blattspreitenansatz hinaus verlängert ist — sonst unterscheiden wir höchstens hautkragig — und bilden aus diesen Sauergräsern die vierte Gruppe mit Blattscheidenhautkragen.
Schließlich ist der obere Rand der Bauchscheidenwand in einigen Fällen auch nach unten sehr tief eingebuchtet. Es handelt sich dabei aber um so wenige Arten, daß wir dieses

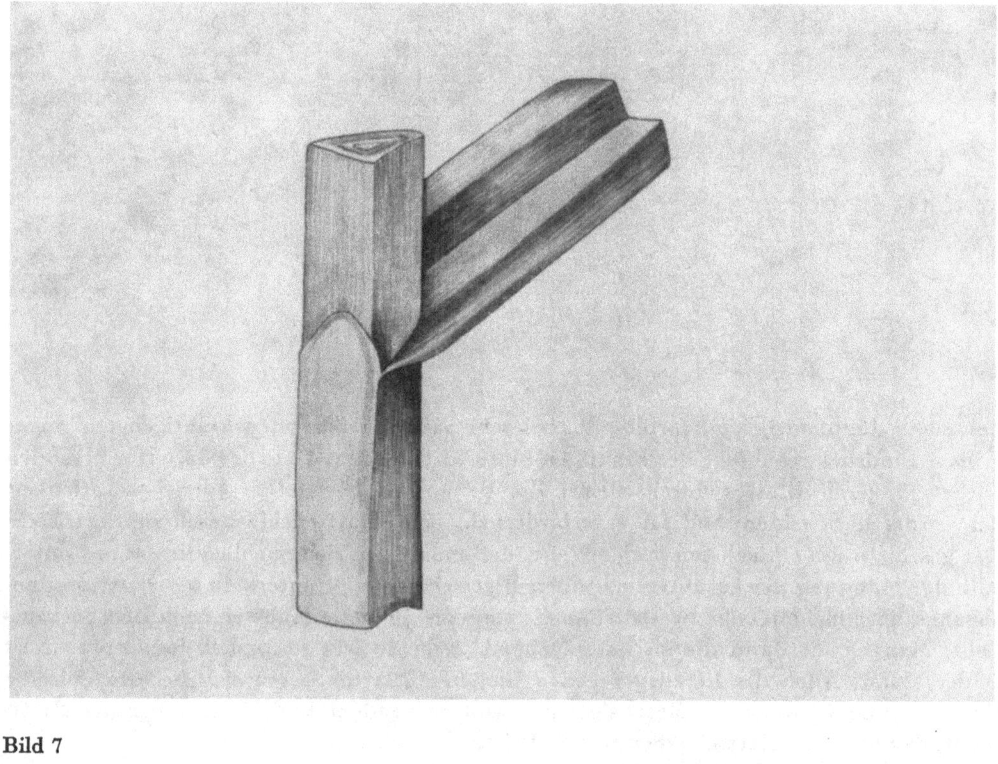

Bild 7

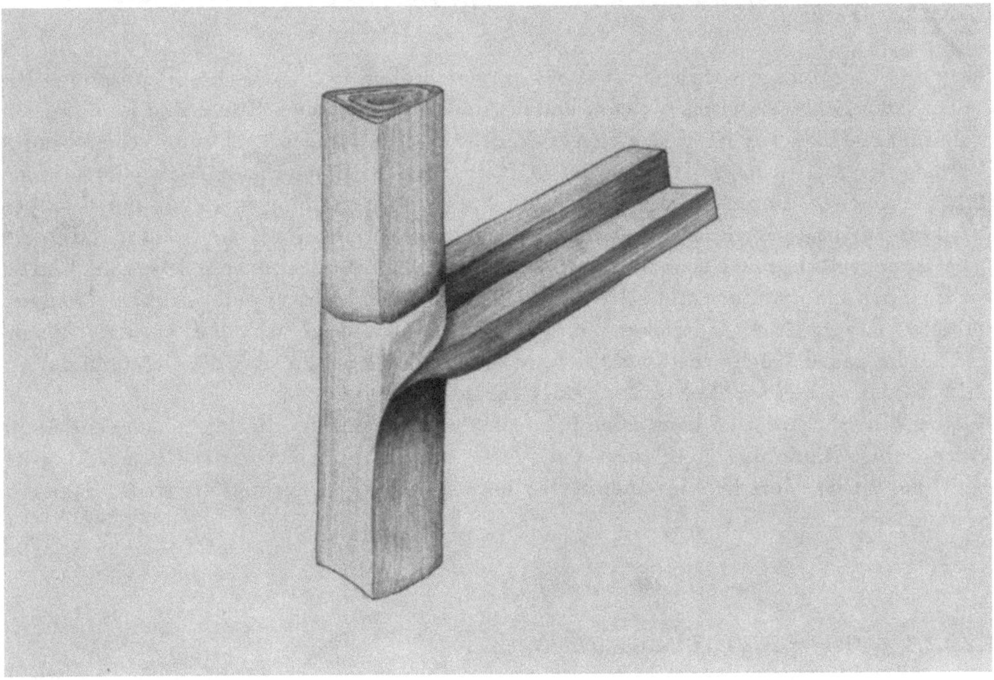

Bild 8

Merkmal nur bei der Einzelbestimmung innerhalb der Gruppen verwenden. Hier leistet es aber ausgezeichnete Dienste. So ist die Bleiche Segge (*Carex pallescens*) im fortgeschritteneren Wachstumsstadium, in dem die oft nur in der Jugend sehr deutliche Behaarung leicht übersehen werden kann, durch die tief spitzwinklige Einbuchtung des oberen Randes der vorderen Scheidenwand von der sonst in diesen Fällen zum Verwechseln ähnlichen Waldsegge (*Carex sylvatica*) leicht zu unterscheiden.

1.2.2.2. Die beiden hinteren Scheidenwände (Rückenscheidenwände)

1.2.2.2.1. Beschaffenheit

Die beiden hinteren Scheidenwände sind immer von krautiger Beschaffenheit. Sie lösen sich dementsprechend nicht wie die Bauchscheidenwand vorzeitig auf, sondern erhalten sich mindestens ein Jahr, manchmal mehrere oder sogar viele Jahre. Man spricht im letzteren Falle von einer sogenannten Strohtunika, die für eine Reihe von Sauergräsern charakteristisch ist. In anderen Fällen überdauern nur die Gefäßbündel jahrelang. Es ergibt sich dann eine sogenannte Fasertunika oder ein Faserschopf. Man könnte fast versucht sein, die Faserschopfigen, wie Schattensegge (*Carex umbrosa*), Bergsegge (*Carex montana*), Pillensegge (*Carex pilulifera*), Fuchssegge (*Carex vulpina*) u. a. m., zu einer Gruppe zu vereinen. Es hat sich aber als besser erwiesen, die Faserschopfigkeit erst bei der Unterscheidung im einzelnen in besonders auffälligen Fällen zu benutzen. Zahlreiche Untersuchungen ergaben, daß dieses Merkmal verbreiteter ist, als man bisher annahm.

1.2.2.2.2. Farbe

Die Farbe der hinteren Scheidenwände ist von großer taxonomischer Bedeutung. Bei vielen Arten liegt sie zwischen einem blassen und einem dunklen Braun und ist dann nur in Ausnahmefällen zur Bestimmung verwendbar, so die typisch hellbraune, eichelbraune Färbung der Steifen Segge (*Carex elata*). Oft aber ist die Blattscheide mehr oder weniger rötlich nuanciert. Immer wieder greifen wir bei der Unterteilung innerhalb der Gruppen auf dieses wichtige Merkmal zurück. Dabei kommt es weniger auf die Scheidenfarbe der äußeren abgestorbenen Blätter als vielmehr auf die Farbe der inneren lebenden Blätter an. Im einzelnen kann das Rot sehr verschiedenartig sein: schwarzrot, purpurrot, rosarot, rotviolett u. a. m. Auch in welcher Weise die Scheidenwände gefärbt sind, variiert. Manchmal ist die ganze Fläche rot überlaufen, in anderen Fällen sind nur die Gefäßbündel gefärbt, so daß sich eine rote Streifung oder Linierung ergibt.
Wie bei den Blattspreiten kann auch bei den krautigen hinteren Blattscheidenwänden die andersfarbige Linierung überhaupt ein Merkmal sein, ebenso wie die Gitterung. Auch der Glanz ist wie dort bei einzelnen Arten besonders ausgeprägt und als Kennzeichen zu gebrauchen.

1.2.2.2.3. Oberer Rand (Blatthäutchen)

Die beiden hinteren Scheidenwände schließen gewöhnlich nicht als solche ab, sondern sie setzen sich im Blatthäutchen, d. h. in der Verlängerung der häutigen Innenauskleidung der hinteren Scheidenwände, fort (siehe Bild 5). Nur bei wenigen Auchsauergräsern, wie bei der Binsenschneide (*Cladium mariscus*), der Erdmandel (*Cyperus esculentus*) und bei dem Gelben Zypergras (*Cyperus flavescens*), fehlt ein solches Blatthäutchen. Zur Feststellung des Blatthäutchens und seiner näheren Ausbildung ist ein Herauspräparieren des Blattes, wie es weiter vorn bei der Beschreibung der vorderen Scheidenwand angegeben wurde, unbedingt erforderlich. Das Blatthäutchen kann entweder gerade oder mehr oder weniger schräg angesetzt sein. Im letzteren Falle zieht es sich sozusagen am Blattkiel mehr oder weniger über die Höhe des Blattspreitenabgangs hinauf. Aus diesem verschiedenartigen Blatthäutchenansatz ergibt sich zusammen mit der jeweiligen Ausbildung des oberen Randes der Bauchscheidenhaut eine für manche Arten sehr charakteristische Form der Blattscheidenmündung. Auf die eventuelle Vereinigung des Blatthäutchens mit dem Bauchscheidenhautfortsatz zu einem sogenannten Blattscheidenhautkragen (siehe Bild 8) haben wir schon bei Beschreibung der vorderen Scheidenwand hingewiesen.
Sehr viele weitere Eigentümlichkeiten des Blatthäutchens könnten bedeutsam sein, so vor allem dessen jeweilige nähere Ausformung. Aber wir ziehen diese Merkmale zur Bestimmung kaum heran, da man sie nur unter Zuhilfenahme einer starken Lupe zu erkennen vermag und da sie doch auch etwas diffizil und oft nicht eindeutig feststellbar sind und daher nicht immer eine sichere Unterscheidung ermöglichen. Meistens ist das Blatthäutchen auf der Rückseite zusammengewachsen, manchmal aber typisch eingekerbt. Dann ist es charakteristisch für einzelne Arten und dient zur näheren Differenzierung. Im allgemeinen wird aber nur die mehr oder weniger starke Ausbildung des Blatthäutchens neben dem geraden oder mehr oder weniger schrägen Blatthäutchenansatz zur Bestimmung häufiger verwandt oder auch nur zur weiteren Beschreibung. Bei der Überprüfung dieser Merkmale lasse man die alten ausgewachsenen Blätter nicht außer acht. Namentlich läßt sich der mehr oder weniger schräge Ansatz des Blatthäutchens an den alten Blättern, wenn auch ihre Bauchscheidenwand schon längst zerfallen ist, besonders gut erkennen.

Bringt man die beiden hinteren Scheidenwände dort, wo sie in die Blattspreite übergehen, aus ihrer natürlichen Winkelstellung von etwa 120° in eine solche von 180°, also indem man sie sozusagen plattdrückt, dann bilden die beiden Blatthäutchen auf der nunmehrigen Ebene der hinteren Scheidenwände bei geradem Ansatz einen Winkel von 180°, bei schrägem Ansatz einen Winkel von 120° und bei sehr schrägem Ansatz einen Winkel von 90° und sogar noch weniger.

Die Blattscheide kommt also bei der Bestimmung der Sauergräser im blütenlosen Zustand der Blattspreite an taxonomischer Bedeutung fast gleich. Wenn auch ihre Merkmale nur maßgebend für die Einteilung der Sauergräser zu zwei Gruppen sind, zur vierten Gruppe mit Blattscheidenhautkragen und zur fünften Gruppe mit Blattscheidenhautlappen, während nach der Blattspreitenbeschaffenheit nicht weniger als vier Gruppen gebildet worden sind, so gewinnen diese aber an Gewicht bei der Unterteilung innerhalb der Gruppen und stehen hier obenan. Der fasernetzige oder lappige Zerfall und die sonstige Ausbildung der vorderen Scheidenwand, Farbe und Auflösung der hinteren Scheidenwände, das Vorhandensein und die nähere Beschaffenheit des Blatthäutchens, die Form der Scheidenmündung und anderes mehr sind bei der Differenzierung innerhalb der Gruppen und bei der Einzelbestimmung entscheidende Merkmale.

1.2.3. Die Unterscheidungsmerkmale des Triebes

Jedes Gras bildet zunächst halmlose Blatttriebe. Die Knoten sind noch eng übereinander am Grunde gehäuft. Erst durch interkalares Wachstum strecken sich die Internodien, und es kommt nach dem Blattschossen zum Halmschossen. Beim sterilen Sauergrastrieb sind die Blätter am Grunde des Halms entweder so dicht übereinander inseriert, daß von einem eigentlichen Stengel mit bloßem Auge und auch bei Lupenvergrößerung nicht viel zu sehen ist — der Blattsproß ist dann ohne sterilen Stengel —, oder es entsteht ein deutlich sichtbarer, steriler Stengel. Dieses trifft nur für die Sauergräser der vierten Gruppe zu, mit einem ausgesprochenen Hautkragen und für die Hautkragigen der vorhergehenden Gruppen. Die Knoten des Stengels können genähert am Sproßgrund sitzen wie bei der Hasenpfotensegge (*Carex leporina*) oder aber durch lange Internodien getrennt sein wie etwa bei der Behaarten Segge (*Carex hirta*), ganz besonders aber bei der Kammsegge (*Carex disticha*), die im fortgeschrittenen Wachstumsstadium allein dadurch schon von weitem gekennzeichnet ist. Oft können die Blattscheiden so röhrig eng und hoch umschlossen sein, daß sie einen Stengel vortäuschen. Wandakurowa (1927) spricht in diesem Falle von einer „Röhre“, die aus einer ganzen Reihe von Blattscheiden besteht und Kusnezow (1914) spricht allgemein von „Schösslingen“, wenn es sich um halmlose Triebe handelt, wie es bei den meisten Sauergräsern der Fall ist. Die Blätter gehen bei den Schösslingen nur vom Grunde der Grundachse, vom Triebgrund, aus.

Obwohl also der einzige bisher noch nicht besprochene Triebbestandteil, der sterile Halm, nur in seltenen Fällen sichtbar vorhanden ist und so im allgemeinen als Erkennungsmerkmal ausscheidet, bedarf der Trieb als solcher hier aber doch einer genaueren Betrachtung. Man muß seinen Aufbau kennen, schon um die Blattmerkmale untersuchen zu können, und schließlich gibt es, wie wir dabei sehen werden, trotz des Fehlens eines sichtbaren sterilen Stengels doch noch einige eigentliche Triebmerkmale.

Das Wachstum eines Sauergrastriebes geht so vor sich, daß am Keimling zunächst nur spreitenlose Schuppenblätter in mehr oder weniger großer Zahl zur Ausbildung kommen. Erst die folgenden immer mehr und immer zahlreicher nachgeschobenen, inneren jüngeren Blätter zeigen den typischen Sauergrasblattaufbau aus Blattspreite und Blattscheide und erreichen nach und nach auch die für die einzelnen Arten charakteristische Länge. Währenddessen sterben die äußeren, zuerst gebildeten Blätter ab, sie verfärben sich und lösen sich auf, die einen langsamer, die anderen schneller, einzelne zerfasern. Die vorderen Scheidenwände sind am vergänglichsten und zerfallen zuerst, entweder lappig oder unter Hinterlassung eines länger ausdauernden Fasernetzes.

Will man ein Sauergras im blütenlosen Zustand bestimmen, so sind die zu untersuchenden Triebe vollständig aus dem Boden herauszureißen oder zu schneiden. Die Sauergrasgruppe ergibt sich ohne weitere Präparation aus der bloßen Betrachtung des Triebes. Sind es doch nur Form, Zähnelung und Behaarung der Blattspreite und das Vorhandensein eines Blattscheidenkautkragens bzw. eines Bauchscheidenhautlappens, die den Ausschlag bei der Zuteilung zu der zu bestimmenden Gruppe ergeben. Zur näheren Erkennung werden dann die äußeren, schon abgestorbenen oder doch nicht mehr ganz heilen Blätter sorgfältig entfernt, indem man sie einzeln nach unten über den Triebgrund herabzieht, bis gut erhaltene Scheiden zum Vorschein kommen, die dann in der oben angegebenen Weise herauszupräparieren und weiter zu untersuchen sind. Dabei stellt man die Färbung der Scheide fest und die Art des Zerfalls der Bauchscheidenhaut. Außerdem lassen sich nun auch wichtige Beobachtungen über einige eigentliche Triebmerkmale machen.

Zunächst ist die Form des Triebes zu erkennen. Nach einer weit verbreiteten Ansicht sollen die Sauergräser dreikantig sein. Das bezieht sich nicht etwa auf den Blütenstandsstengel, denn jedes Bestimmungsbuch lehrt, daß die Form des Blütenstandsstengels, ob rund oder dreikantig, ein wichtiges Merkmal zur Unterscheidung der einzelnen Sauergräser im Blüten- und Fruchtzustand darstellt. Auch der sterile Stengel kann nicht gemeint sein. Nur bei einer verschwindend kleinen Anzahl von Sauergräsern wissen wir, ist ein solcher deutlich sichtbar. Man kann also nur an die Form des Triebes, also an die Form der ineinander geschachtelten Blattscheiden denken. Diese Form, die sich erst aus der Häufung der Blattscheiden am Trieb ergibt, dürfte wohl als wirkliches Triebmerkmal anzusehen sein. Die Form des Triebes ist nun keineswegs immer dreikantig, ja nach dem Grunde zu in den seltensten Fällen. Der Trieb ist am Grunde meistens mehr oder weniger rund, und erst weiter aufwärts wird er mehr und mehr dreikantig. Bei einigen Arten erhält sich aber die runde Gestalt auf der ganzen Länge. Beachtliche Unterscheidungsmerkmale lassen sich also daraus gewinnen. Der Querschnitt durch einen äußerlich völlig runden Trieb, wie beispielsweise des Breitblättrigen Wollgrases (*Eriophorum latifolium*), zeigt allerdings, worauf schon bei der Abgrenzung der Sauergräser gegenüber den Süßgräsern hingewiesen wurde, daß auch der äußerlich rundeste Trieb nach dem Inneren zu seine eigentliche, die dreikantige oder besser dreiseitige Form annimmt, sobald man auf die noch unentwickelten, d. h. blattscheidenlosen jungen Blätter trifft.

Ein weiteres eigentliches Triebmerkmal, das sich nur beim Herabziehen der älteren Blätter über den Triebgrund feststellen läßt, ist die Art der Seitentriebbildung, sei es nun, daß es sich um Fortsetzungs- oder Bestockungstriebe handelt. Bei allen ausläufertreibenden Sauergräsern durchbrechen die jungen Fortsetzungstriebe die Blattscheiden, in deren Achsel ihre Knospe sich bildet; sie sind also extravaginal. Bei den horstbildenden Sauergräsern ist die Seitentriebbildung oft eine intravaginale, d. h. der Seitentrieb durchbricht die Mutterscheide nicht, sondern wächst innerhalb der Blattscheide empor. Aber das ist nicht durchweg der Fall. Einige wenige Sauergräser sind durch dieses Merkmal allerdings sehr gut charakterisiert, so die Schattensegge (*Carex umbrosa*), die Immergrüne Segge (*Carex sempervirens*) und andere mehr. Intravaginal sind auch oft die Bestockungstriebe der Ausläuferseggen.

Eine Verzweigung der Halmtriebe findet nicht statt, wie es bei den Süßgräsern auch nur selten auftritt, z. B. bei dem Sumpfreitgras (*Calamagrostis canescens*). Erst im Blütenstand können sich Seitenzweige zeigen.

1.2.4. Die Unterscheidungsmerkmale der Grundachse

Alle bei uns vorkommenden *Carex*-Arten sind ausdauernd, und in ihrer vegetativen Vermehrung bilden sich die mannigfaltigsten Formen aus. Es treten reine Horste, dicht- und lockerrasige Bestände, lange Ausläufer mit der verschiedenartigsten Bestockung auf. An sich dürfte es möglich sein, die Sauergräser allein nach den Merkmalen der Grundachse und deren Vermehrungstriebe — Bestockungs- und Ausläufertriebe — zu unterscheiden. Voraussetzung wäre eine genaue Untersuchung nach einem langwierigen Ausgraben und Auswaschen. Dazu ist meist bei Bestimmungen in der Natur nicht genügend Zeit. Deshalb ziehen wir hier nur einige leichter feststellbare Merkmale heran, die die Erkennung auf Grund der Blattmerkmale vervollständigen. Zur Feststellung dieser Kennzeichen ist meistens kein regelrechtes Ausgraben und Auswaschen der Grundachse erforderlich. Bei den ausläufertreibenden Sauergräsern genügt das Herausreißen einzelner Triebe, noch dazu, wenn man diese untergreift. Es werden dann auch einige Ausläuferteile mit erfaßt, die zur Bestimmung hinreichen. Bei den horstigen Sauergräsern schneidet man allerdings besscr einige Grundachsenteile mit dem Messer heraus. Allzu schwer muß man sich das regelrechte Ausgraben und Auswaschen der Grundachse, wie es bei genauen Untersuchungen, beispielsweise zum Studium der Biologie, nicht zu entbehren ist, jedoch auch nicht vorstellen. Zum Ausgraben ist meistens kein Spaten notwendig, sondern es genügt ein Messer, allerdings kein noch so großes gewöhnliches Taschenmesser, sondern ein Spezialtaschenmesser, ein Gärtnermesser etwa, das man aber immerhin noch wirklich bei sich haben kann. Zum Auswaschen genügt aber jeder Wassergraben, an denen es auf vielen Sauergrasstandorten nicht gerade fehlen wird. Sehr willkommen sind die schnellen Bäche in bewegtem Gelände, kleine Wasserfälle, die das dabei schmutzig werdende Wasser immer wieder wegführen.*

Die Grundachsen der Sauergräser sind mit wenigen Ausnahmen sympodial aufgebaut, d. h., es handelt sich bei ihnen nicht um echte Achsen mit durchgehender Hauptachse, sondern um Scheinachsen, denen diese fehlt. Stattdessen führt ein Fortsetzungstrieb aus der Blattachsel eines Triebes die „Hauptachse" fort, setzt sich gleichsam an dessen Stelle, bildet mit seinen ersten Gliedern das neue Stück der Grundachse, wächst aber als solcher nicht unbegrenzt weiter, wie die echten Achsen, sondern endet begrenzt als Trieb, der an die Oberfläche steigt, entsendet aus einer Blattachsel an der Basis einen neuen Fortsetzungstrieb, der nun wieder gleichsam an seine Stelle tritt und jetzt die Grundachsenbildung übernimmt. Dieser Vorgang vollzieht sich bei einigen Arten nur einmal im Jahr, bei anderen wiederholt er sich einige, mehrere und auch viele Male. Je nach der Zahl und Länge der Internodien, der Glieder zwischen zwei Knoten, entstehen Kurz- oder Langtriebe. Bei Kurztrieben sind die Internodien oft gestaucht, sie sind sehr kurz, kürzer als breit, Knoten liegt neben Knoten, bei Langtrieben sind die Glieder lang, sie sind länger als breit und können eine Länge von 4 cm und mehr erreichen. Bei Kurztrieben entspringt der Fortsetzungssproß aus der 2., 4. oder 6. Blattachsel. Bei Langtrieben entspringt der Fortsetzungssproß nicht nach einer bestimmten Internodienzahl, wohl aber geht er regelmäßig aus den untersten, den letzten, dann ebenfalls gestauchten Internodien an der Basis des nach oben wachsenden beblätterten Triebes ab. Je nach der Zahl der bis zum nächsten Fortsetzungstrieb gebildeten Glieder oder Internodien und deren Länge ergibt sich ein reiner Horst, ein mehr rasenförmiger oder lockerer Wuchs. Auch Ausläuferseggen können

* Diese Untersuchungsmethode, die ohne Heranziehung großer Apparaturen doch zu grundlegenden Ergebnissen führen kann, ist eine von den vielen, die O. Wehsarg sich in seinem langen Forscherleben draußen in der Natur erarbeitet hat. Es ist sehr zu bedauern, daß alle von ihm erfundenen und erprobten Freilanduntersuchungsmethoden nicht in einer besonderen Schilderung zusammengefaßt wurden.

dichte Horste bilden. Je länger und je tiefer im Boden sich der Ausläufer bewegt, um so geringer ist die Bestockung. Manchmal wirkt die Grundachse verzweigt. Es handelt sich dann aber nicht um eine echte aus der Teilung des Vegetationskegels hervorgegangene Verzweigung, wie es z. B. bei der Quecke (*Elytrigia repens*) vorkommt. In diesem Fall haben sich aus den Blattachseln oberhalb des Fortsetzungssprosses ein oder auch mehrere Seitensprosse gebildet. Seitensprosse können bei den Sauergräsern im Gegensatz zu den Süßgräsern nur an der Basis des nach oben gehenden Laubtriebes entstehen. Außerdem bilden sich aus den Blattachseln oberhalb des Fortsetzungssprosses Bestockungstriebe, die ebenfalls wieder Fortsetzungssprosse aussenden können (siehe auch Wehsarg 1928).
Alle Ausläufer der Sauergräser sind Stengelausläufer ebenso wie die der Süßgräser. Wurzelausläufer, wie sie etwa die Ackerdistel (*Cirsium arvense*) besitzt, gibt es auch bei den Sauergräsern nicht. Es handelt sich also um durch Knoten gegliederte oberirdische und unterirdische Halmtriebe. Die meisten Stengelausläufer sind unterirdisch, einige wenige Sauergräser haben auch oberirdische Ausläufer.
Wir unterteilen fast jede Gruppe zunächst in Horstsauergräser und Ausläufersauergräser. Im allgemeinen fällt diese Unterscheidung leicht. Nicht immer aber ist es ohne weiteres zu entscheiden, um welches Sauergras es sich handelt; zwischen beiden Wuchsformen bestehen letzterdings ja nur graduelle Unterschiede. Eine genauere Untersuchung mit Hilfe der Rasensodenmethode ist dann in Zweifelsfällen notwendig, zumal auch die Horstsauergräser unter besonderen Wachstumsverhältnissen statt der Kurztriebe längere Triebe ausbilden können. So vermag z. B. die horstige Pillensegge (*Carex pilulifera*), unter gewissen Bedingungen ihre Glieder so zu strecken, daß eine Entscheidung erschwert wird. Zur Erleichterung der Diagnose beginnen wir die zusätzlichen Kennzeichnungen nach der Standortsbezeichnung innerhalb des Schlüssels mit einer näheren Beschreibung der Horst- und Ausläuferbildung. Besonderen Wert legen wir dabei auch auf die Dicke der Ausläufer. Im einzelnen werden unterschieden:

sehr dünn	$= < 1$ mm	im Durchmesser
dünn	$= < 1$ mm	„ „
mitteldick	$= \pm 2$ mm	„ „
dick	$= \pm 3$ mm	„ „
sehr dick	$= \pm 4$ mm	„ „

An jedem Knoten trägt die Grundachse ein Scheiden- oder Niederblatt, ein bis auf die Scheide reduziertes Blatt, nicht dagegen auch noch eine Knospe wie etwa die Quecke und wie es bei den Süßgräsern überhaupt häufiger vorkommt. Dieses Scheidenblatt ist bei den Sauergräsern im Gegensatz zu den Süßgräsern von sehr verschiedener Farbe und Länge und ist ihnen arteigen. Insbesondere kann es so lang, länger oder kürzer als die Internodien sein. Es löst sich mehr oder weniger faserig auf. Auch die schon erwähnte sogenannte Stroh- und Fasertunika ist naturgemäß mehr ein Grundachsen- als ein Triebmerkmal. Die Zersetzung der Grundachse selbst verläuft ebenfalls verschieden schnell. Es ergeben sich daraus für einzelne Arten charakteristische Merkmale.
Von den hier behandelten Sauergräsern sind nur die wenigen Vertreter der Gattung *Cyperus* einjährig. Diese lassen sich leicht daran erkennen, daß sie als Einjährige mit Faserwurzeln weniger fest im Boden verankert sind, also als ganze Pflanze sehr leicht aus dem Boden herausgezogen werden können. Nur mit Keimpflanzen der ausdauernden Sauergräser könnte man sie vielleicht einmal verwechseln. Die *Cyperus*-Arten weisen aber auch sonst so auffällige und eindeutige Merkmale auf, daß eine solche Verwechslung doch nicht so leicht vorkommen wird. Wir haben diese einjährigen Sauergräser in einer ersten Gruppe zusammengefaßt und sie dem Schlüssel der mehrjährigen Sauergräser vorangestellt.

1.2.5. Die Unterscheidungsmerkmale der Wurzel

Die Wurzeln der Sauergräser sind in feine Saug-, Faser- und kräftige, oft sehr dicke Haftwurzeln differenziert, aber nicht bei jedem Sauergras gleichartig ausgeprägt. Die Haftwurzeln, die auch als Speicherungsorgane dienen können, wie bei *Carex elata*, vermögen sehr tief in den Boden zu gehen, viel tiefer als Graswurzeln, ja oft bahnen sie sich ihren Weg metertief auch bei dichtem, undurchlüftetem Untergrund. Die Hauptwurzelmasse wird an den Trieben gebildet, aber auch Knoten und Glieder der Kurztriebe und der Ausläufer können bewurzelt sein. Je nachdem unterscheiden wir Trieb-, Knoten- und Gliederwurzeln. Wie verläßlich die jeweilige Bewurzelung bei den einzelnen Sauergräsern sein kann, geht daraus hervor, daß die Verfälschungen der früher offizinellen Grundachsen von *Carex arenaria* mit denen von *Carex hirta* allein an der verschiedenartigen Bewurzelung zu erkennen waren. Die Behaarte Segge (*Carex hirta*) besitzt im Gegensatz zur Sandsegge (*Carex arenaria*) außer Trieb- und Knotenwurzeln noch Gliederwurzeln.
Auch wir greifen gelegentlich auf dieses ausgezeichnete Merkmal der verschiedenen Wurzelbildung als Kennzeichen zurück. In einigen Fällen wird noch die Farbe der Wurzeln, namentlich wenn diese rot ist, zur Differenzierung benutzt. Bei einer Reihe von Sauergräsern ist sie ein wichtiges Erkennungsmerkmal. Auch die Dicke, Länge, Verzweigung, Konsistenz der Wurzel und deren Zersetzbarkeit werden manchmal beachtet, aber weder zur Bestimmung, sondern mehr zur Erfassung der Eigenart des Sauergrases. Auf die Pustelradizellen, länglich erhabene, buckelartige Auswüchse der Wurzeln, die die Bestimmung einiger Seggen sogar noch im Torf ermöglichen, gehen wir dagegen nicht ein, da sie nur mikroskopisch feststellbar sind.
Zusammenfassend kommen wir auf Grund der erläuterten, kennzeichnenden Merkmale bei der Bestimmung der Sauergräser im blütenlosen Zustand zu folgenden acht Gruppen:

Erste Gruppe:	Einjährige Sauergräser
Zweite Gruppe:	Sauergräser mit Borstblättern
Dritte Gruppe:	Sauergräser mit behaarten Blättern
Vierte Gruppe:	Sauergräser mit ausgeprägtem Blattscheidenhautkragen
Fünfte Gruppe:	Sauergräser mit Bauchscheidenhautlappen
Sechste Gruppe:	Sauergräser mit einfachen Rinnenblättern
Siebente Gruppe:	Sauergräser mit oberseits glatten Knickrandblättern
Achte Gruppe:	Sauergräser mit oberseits rauhen Knickrandblättern

Unsere Gruppeneinteilung erfolgt also mit Ausnahme der ersten Gruppen, den einjährigen Sauergräsern, bei der zweiten bis achten Gruppe, die die mehrjährigen Sauergräser umfassen, ausschließlich nach Blattmerkmalen.

2. Schlüssel zur Bestimmung der einzelnen Sauergräser im blütenlosen Zustand

2.1. Vorschlüssel zur Bestimmung der Sauergräser in acht Gruppen

1. Erste Gruppe: **Einjährige Sauergräser**
   Sauergräser mit Grundachse, schwer aus dem Boden zu ziehen
   Mehrjährig
   Blattspreiten borstig-dreikantig und nicht ausgebreitet

2. Zweite Gruppe: **Sauergräser mit Borstblättern** (mit Dreikantblättern)
   Blattspreiten nicht borstig-dreikantig oder doch nur nach der Spitze zu, sondern ausgebreitet
   Blätter, Blattspreiten oder Blattscheiden, behaart

3. Dritte Gruppe: **Sauergräser mit behaarten Blättern**
   Blätter kahl
   Blätter mit ausgeprägtem Blattscheidenhautkragen

4. Vierte Gruppe: **Sauergräser mit ausgeprägtem Blattscheidenhautkragen**
   Blätter ohne ausgeprägten Blattscheidenhautkragen
   Blätter mit Bauchscheidenhautlappen

5. Fünfte Gruppe: **Sauergräser mit Bauchscheidenhautlappen**
   Blätter ohne Bauchscheidenhautlappen
   Blattspreiten einfach rinnenförmig, ohne zurückgeschlagene Seitenränder

6. Sechste Gruppe: **Sauergräser mit einfachen Rinnenblättern**
   Blattspreiten mit zurückgeschlagenen Seitenrändern (Knickrandblätter)
   Knickrandblätter auf den Knickrändern oder Knickkielen glatt

7. Siebente Gruppe: **Sauergräser mit oberseits glatten Knickrandblättern**
   Knickrandblätter auf den Knickrändern oder Knickkielen oberseits rückwärts rauh

8. Achte Gruppe: **Sauergräser mit oberseits rauhen** Knickrandblättern

2.2. Hauptschlüssel zur Bestimmung der einzelnen Sauergräser innerhalb der acht Gruppen

1. Erste Gruppe: **Einjährige Sauergräser**

In dieser Gruppe kommen bei uns eigentlich nur zwei Arten der Gattung *Cyperus* als einjährige Sumpfpflanzen wild vor. Sie ist hauptsächlich in den Tropen und Subtropen vertreten und gilt mit etwa 600 Arten nach der

Gattung *Carex* als die größte der *Cyperaceae* (HEGI 1966). Wir haben aber auch noch *Cyperus esculentus* mit aufgenommen, eine alte Kulturpflanze der Mittelmeerländer und der wärmeren Länder überhaupt, die in den letzten Jahrzehnten wegen ihrer fettreichen Knollen immer wieder bei uns anzubauen versucht wurde. Alle drei Zypergräser haben so auffällige und eindeutige Kennzeichen, daß man sie mit den Keimpflanzen der ausdauernden Arten der Sauergräser, die auch leicht aus dem Boden zu ziehen sind, nicht verwechseln wird. Zu den *Cyperus*-Arten gehört auch die Papyrusstaude (*Cyperus papyrus* L.), aus der im Altertum Papier gewonnen wurde.

1. 1. Mit Knickrandblättern

1. 1.1. Blattspreite breit, 5—10 mm, 4—5 dm lang und länger, mit Dreikantspitze, oberseits glatt, aber Kiel unterseits und Blattränder rauh. Blattscheiden rosabräunlich, ohne auch eine Spur von Blatthäutchen. Triebgrund rund. Mit Stolonen, die in Knollen enden.

Cyperus esculentus L. — Erdmandel

Alte Kulturpflanze des Mittelmeergebietes, bei uns aus dem Versuchsstadium nicht herausgekommen. Züchtung sehr schwierig, da sie in unserem Klima nur wenig blüht und nicht fruchtet. Aber an sich sehr ertragreich, Doppelnutzung, die oberirdischen Triebe ergeben Heu.

1. 1.2. Blattspreite schmäler, mit Dreikantspitze, oberseits, unterseits und an den Rändern glatt, mit einem Hautkragen oder hautkragig. Blattscheiden rotstreifig. Triebgrund dreikantig. Ohne Stolonen, mit purpurroten Wurzeln.

Cyperus fuscus L. — Rotes Zypergras

Sumpfpflanze. Höhe bis 15 (25) cm. Einjährig.
Sehr zerstreut, aber gesellig an Sümpfen und Teichrändern, gern in trockenliegenden Teichen. „Schmierekeimer" feuchter, „wassersaurer" Äcker, von der Ebene bis in mittlere Gebirgslagen vorkommend. In dichten kleinen Büscheln mit zarten, roten Wurzeln.

Knickrandblätter, jung mehr rinnenförmig, bis 3 mm breit, 2 dm lang, grün, mit kleiner Dreikantspitze, überall glatt. Blattscheide rosa liniert. Vordere Scheidenwand häutig, durchsichtig. Hautkragig oder mit Hautkragen. Scheidenmündung eirund.
Triebgrund dreikantig, rot.
Blüte Juli/Oktober, Spirre mit dunkelroten Ährchen, in mehreren kopfartigen Gruppen und laubblattartigen Tragblättern.

1. 2. Mit einfachen Rinnenblättern

Blattspreite schmal, ± 2 mm breit, oberseits, unterseits und an den Rändern glatt, ohne auch eine Spur von Blatthäutchen. Blattscheiden rot. Triebgrund rund. Ohne Stolonen, mit weißlichen Wurzeln.

Cyperus flavescens L. — Gelbes Zypergras

Sumpfpflanze. Höhe bis 30 cm. Einjährig
Ähnlich vorkommend wie *Cyperus fuscus* und ebenfalls „Schmierekeimer" feuchter, „wassersaurer" Äcker. Von der Ebene bis in mittlere Gebirgslagen auftretend.
In dichten, etwas größeren Büscheln mit weißen, dünnen Wurzeln.

Rinnenblätter sehr schmal, 1—2 mm breit, sehr kurz, 1 dm lang, grün, glänzend, überall glatt, Blattscheide rot, ohne Blatthäutchen.
Triebgrund rund.
Blüte Juli/Oktober, Spirre mit hellgelblichen Ährchen, die meist nur einen kopfartigen, endständigen Blütenstand bilden, mit laubblattartigen Tragblättern.

2. Zweite Gruppe: **Sauergräser mit Borstblättern** (mit dreikantigen Blättern)

2. 1. **Horstsauergräser**

2. 1.1. Borstblätter sehr lang, nach dem Grunde zu nicht hohlrinnig offen. Scheiden rötlich nuanciert und sehr dick, etwas fasernetzig.

Eriophorum vaginatum L. — Scheidiges Wollgras

Naßwiesensauergras, Höhe bis 60 cm.
Auf Hochmoor zwischen *Sphagnum* sehr häufig. Spielt hier eine wichtige Rolle bei der Weiterbildung des Moores nach der Ansiedlung der Torfmoose (*Sphagnum*-Arten). Ist von allen *Eriophorum*-Arten auf diesen Flächen am häufigsten und tritt oft in so großen Mengen auf, daß die Moore zur Fruchtzeit des Wollgrases durch die Menge seiner weißen Blütenhüllhaare weiß erscheinen, und man spricht von einem „Weißmoor". Starker Torfbildner, die vielen Faserbüschel, in die die dicken Blattscheiden zerfallen, sind typisch für den Hochmoortorf, und zwar bis zu 5% im jüngeren Moostorf (Streutorf), über 5% im alten Moostorf (Brenntorf). Schon oft wurde die industrielle Ausbeutung dieser „Torffaser" versucht.
Das Scheidige Wollgras kommt auch auf nassen Wiesen vor, es deutet dann auf hochmoorarmen Boden hin. Von der Ebene bis in die Alpen verbreitet. Bildet dichte, triebreiche, bültige, aufrechte Horste. In üppig wachsendem Torfmoos wird auch das Wollgras gezwungen, nach oben zu wachsen, seine Grundachse verlängert sich dann ausläuferartig aufwärts.

Ausgesprochene Dreikantblätter, fadenförmig, bis 10 dm lang, dunkelgraugrün. Blattscheide dreikantig-rundlich, rötlich, dick, besonders zum Triebgrund zu, sehr hochgehend. Vordere Scheidenwand dünnhäutig, mit dem kleinen Blatthäutchen etwas hautkragig verbunden, etwas netzfaserig, Scheidenmündung eirund.
Triebgrund rundlich, mit langen, rosabräunlichen Niederblättern umgeben, die sich faserig auflösen.
Stengelblätter mit aufgeblasener Scheide (Scheidiges Wollgras), die obersten ohne Blattspreite.
Blüte März/April, einköpfig, d. h. ein einziges Ährchen an der Stengelspitze, Blütenhüllhaare nach der Blüte die Deckspelzen weit überragend und einen weißseidigen, wolligen Schopf bildend, wie bei allen *Eriophorum*-Arten.

Das vielbesungene Wollgras „Wie ein Wollgrasflöckchen im Wind"
(Löns).

2. 1.2. Borstblätter kürzer, nach dem Grunde zu hohlrinnig offen (Lupe). Scheiden nicht rötlich nuanciert, schmal und nicht fasernetzig.

Carex davalliana Sm. — Torfsegge, Hackbart

Naßwiesensauergras. Höhe bis 40 cm.
Auf nassen Wiesen kalkhaltiger, oft quelliger Böden. Unkraut in Streuwiesen. Im nördlichen Flachland sehr selten, in Mittel- und Süddeutschland oft häufig.

Bildet kleine dichte, dichtrasige, zähe Horste, mit kräftigen Wurzeln
Borstblätter sehr schmal, bis 1 mm breit, kurz, 1—2 dm lang, dunkelgrün, drahtig, nach dem Grunde zu hohlrinnig offen, Ränder sehr rauh. Blattscheide rund. Vordere Scheidenwand häutig, nicht fasernetzig, mit deutlichem Blatthäutchen, fast hautkragig.
Triebgrund rund, mit schwärzlichen Niederblättern, etwas faserschopfig.
Blüte April/Mai. Mo, diözisch. Männliche Ährchen gelbbraun, weibliche Ährchen dunkelbraun, lockerblütig, ohne Tragblatt.

2. 2. **Ausläufersauergräser**

Carex dioica L. — Zweihäusige Segge

Naßwiesensauergras. Höhe bis 30 cm.
Stellenweise bestandbildend auf Hochmoor und nassem Hochmoorgrünland im nördlichen Flachland, aber auch bis in die Alpen gehend.
Mit langen, sehr dünnen, unterirdischen Ausläufern, die mit braunen, meistens glänzenden, zerfasernden Niederblättern besetzt sind. Nach 4—5 Gliedern folgt gewöhnlich ein neuer Trieb, Glieder etwa 1 cm lang. Hauptsächlich Triebwurzeln und nur sehr vereinzelt auch Knotenwurzeln. Durch seine starke Bestockung horstig wirkend und einen ungemein dichten und zähen Rasen bildend.

Borstblätter fadenförmig, sehr schmal, bis 1 mm breit, über 2 dm lang, dunkelgrün, glatt, zur Blattspitze ausgesprochen dreikantig, zum Blattgrund etwas hohlrinnig offen. Blattscheide schmal, rund. Vordere Scheidenwand häutig, mit kleinem Hautkragen. Scheidenmündung fast rund.
Triebgrund rund, mit sterilem Stengel.

Blüte April/Mai, Mo, diözisch, Männliche Ährchen hellbraun, weibliche Ährchen rostbraun, ohne Tragblatt.
Zur zweiten Gruppe gehören außer den drei hier aufgeführten Sauergräsern an sich noch eine Reihe von Arten, die in den Alpen Bestände bilden wie die Krummsegge (*Carex curvula* ALL.), die seltenere Binsenblättrige oder Einwärtsgebogene Segge (*Carex maritima* GUNN.), das Nacktried (*Kobresia myosuroides* (VILL.) FIORI et PAOL.), einige Alpenwollgräser u. a. m. Sie wurden aber nicht in die Bestimmung mit aufgenommen. Auf *C. curvula*, deren Bestände von besonderer Bedeutung sind, wird in dem 3. Kapitel über Standort und Wert der Sauergräser näher eingegangen.

3. Dritte Gruppe: **Sauergräser mit behaarten Blättern**

Bei der Bergsegge (*Carex montana*), die nur auf der Blattoberseite und bei der Filzsegge (*Carex tomentosa*), die nur auf der Blattunterseite fein behaart sind, kann die Behaarung ebenso wie bei der Bleichen Segge (*Carex pallescens*), die oft nur in der Jugend deutlich behaart ist, leicht übersehen werden. Sie werden deshalb auch in der achten Gruppe mit aufgeführt, zu der sie gehören würden, wenn die Behaarung fehlte.

3. 1. **Horstsauergräser**

3. 1.1. Blattscheiden ohne rötliche Nuancierung. Bauchscheidenwand zerfällt, ohne ein Fasernetz zu hinterlassen. Blattspreiten um 5 mm breit, namentlich in der Jugend fein behaart, besonders deutlich an den Blattscheiden.

Carex pallescens L. — Bleiche Segge

Waldsauergras (Grünlandsauergras). Höhe bis 50 cm.
In frischen bis feuchten Laubwäldern und auch Nadelwäldern auf besseren Böden mit guter Humuszersetzung mehr einzeln als gesellig, gern an Wald- und Wiesenwegen.

Gelegentlich aber auch auf gut-feuchtem Grünland. Sie gehört zu den Sauergräsern, die gern gefressen werden, sie soll einen hohen Futterwert haben. Vom Tiefland bis in die Alpen allgemein und häufig verbreitet. In dichten, rasenförmigen Horsten, aber nicht aufrecht, sondern mehr oder weniger liegend infolge der etwas schlaffen Haltung der Blätter. Mit drahtigen Wurzeln an der niederliegenden Grundachse.

Knickrandblätter, mittelbreit, 3—5 mm breit, mittellang, 3—5 dm lang, meist heller grün, bleichgrün, fein behaart, Blattoberseite rauh. Blattscheide dreikantig, meist etwas stärker behaart. Vordere Scheidenwand weißlich, sehr dünnhäutig, daher sehr leicht zerreißend, nicht netzig, sondern lappig zerfallend, oberer Rand tief spitzwinklig eingeschnitten, mit deutlichem Blatthäutchen, sehr schräg angesetzt, im Winkel von 90°.
Triebgrund dreikantig, mit bräunlichen Niederblättern. Ohne sterilen Stengel.
Blüte Mai/Juni. He. Ein rötlichgelbes, keulenförmiges männliches Endährchen, 2—3 gelblich-grüne, kurz-zylinderförmige, dichtblütige, gestielte weibliche Ährchen, mit laubblattartigem Tragblatt.

Die Bleiche Segge ist der Waldsegge (*Carex sylvatica*, S. 57) zum Verwechseln ähnlich, wenn man die Behaarung übersieht, was namentlich im fortgeschritteneren Wachstumsstadium leicht einmal vorkommen kann, da hauptsächlich die jungen Blätter stark behaart sind. Allerdings fehlt die Behaarung an der Blattscheide wohl nie. Von der Waldsegge unterscheidet sich die Bleiche Segge aber sehr leicht durch die tief eingeschnittene vordere Scheidenwand und das sehr schräg angesetzte Blatthäutchen und die dementsprechende Blattscheidenmündung. Die Einbuchtung der vorderen Scheidenwand ist bei der Waldsegge auch in extremen Fällen immer noch sichelmondförmig, bei der Bleichen Segge dagegen immer spitzwinklig.

3. 1.2. Blattscheiden mit rötlicher Nuancierung, Bauchscheidenwand zerfällt unter Hinterlassung eines Fasernetzes. Blattspreiten um 2 mm breit, nur auf der Oberseite fein behaart, (Grundachse aus kräftigen, fast knolligen Kurztrieben).

Carex montana L. — Bergsegge

Waldsauergras — Trockenrasensauergras. Höhe unter 50 cm.
In trockeneren, lichteren Wäldern, von der Ebene bis ins Gebirge allgemein und oft häufig verbreitet, aber im nördlichen Flachland seltener und auch fehlend.
Bestandsbildend auf trockenen, mageren Kalkhängen, bisweilen regelrechte Wiesen der Wasserstufe 4 — bildend, die allerdings weder in der Menge noch in der Güte des Ertrages befriedigen.
Wächst in lockeren, fast hexenringigen Horsten, die dadurch zustande kommen, daß die Bergsegge ähnlich wie *Carex humilis* (S. 48) jedes Jahr mehrere oder viele kurztriebige Scheinachsenteile nacheinander bildet. Die Grundachse erhält sich jahrelang und ist mit den faserigen Resten der Blattscheiden besetzt. Im Frühjahr liegen die vorjährigen Blätter vergilbt am Boden. Dann sprießen die jungen Blätter lebhaft grün hervor, die allmählich bis zum Sommer heranwachsen und schön überhängen. Unterdessen sind die alten Blätter zerfasert.

Flache Knickrandblätter, schmal, um 2 mm breit, 3—5 dm lang, nur auf der Oberseite fein behaart und rauh, jung: auffällig hellgrün. Blattscheide dreikantig-rundlich, rot, vordere Scheidenwand netzfaserig, schon an sehr jungen Exemplaren, oberer Rand eiförmig eingebogen. Blatthäutchen spitz hochgezogen, mehr oder weniger deutlich, oft nur eine Spur.
Triebgrund rundlich, leuchtend rot, mit Faserschopf.
Blüte März/Mai. He. Ein längeres, schwarzbräunliches männl. Endährchen und meist zwei gedrängt sitzende, kürzere schwärzlichbraune weibliche Ährchen.

Auch wenn die Behaarung übersehen wird, ist die Bergsegge an der eigenartigen Horstbildung leicht zu erkennen. Sie bildet dann als rotscheidiges, netzfaseriges Horstsauergras mit *Carex ornithopoda*, *Carex digitata* und *Carex cespitosa* eine Unterabteilung der achten Gruppe.

3. 2. Ausläufersauergräser

Blattscheiden mit rötlicher Nuancierung. Bauchscheidenwand zerfällt unter Hinterlassung eines Gefäßbündelfasernetzes.

3. 2.1. Blattspreiten schmäler, um 2—3 mm breit, nur unterseits fein behaart, an den beiden hinteren Scheidenwänden besonders deutlich sichtbar.

Carex tomentosa L. — Filzsegge

Grünlandsauergras — Trockenrasensauergras. Höhe bis 50 cm.
Sowohl auf gutfeuchtem Grünland als auch im Trockenrasen vom Tiefland bis in die Alpen verbreitet, aber oft sehr selten oder fehlend.
Lockerrasig, mit langen dünnen, unterirdischen Ausläufern, Niederblätter dunkelbraun.

Blattspreite flach oder höchstens flach knickrandig, 2—3 mm breit, mittellang, 2—5 dm lang, blaugraugrün, etwas rauh, besonders unterhalb der Blattspitze, nur unterseits fein behaart. Blattspitze stumpf. Blattscheide rötlich. Vordere Scheidenwand häutig, netzfaserig, oberer Rand gerade, leicht zerreißend. Blatthäutchen zart, schön weiß, groß, in der Mitte in eine Spitze emporgezogen. Besonders die hinteren Scheidenwände auffällig behaart. Triebgrund rund, schwarzpurpurn, zerfasernd.
Blüte Mai/Juni. Ein längliches, rotbraunes männliches Endährchen, ein oder zwei rotbraun-grüne, mehr rundliche Ährchen, deren laubblattartiges Tragblatt aufrecht oder waagerecht absteht. Schläuche dicht grauhaarig.

Auch wenn die Behaarung übersehen wird, ist die Filzsegge an ihren schmalen, blaugraugrünen, flach knickrandigen Blättern leicht zu erkennen. Sie bildet dann mit *Carex vesicaria*, *Carex acutiformis* und *Carex supina* eine Unterabteilung der achten Gruppe.

3. 2.2. Blattspreiten breiter, um 5 mm breit und breiter.

3. 2.2.1. Blattspreiten am Rande und am Kiel bewimpert, ohne Blattscheidenhautkragen.

Carex pilosa Scop. — Wimpersegge

Waldsauergras. Höhe bis 50 cm.
In mesophilen Laubwäldern auf kräftigen, nährstoffreichen Böden bestandbildend, aber auf bestimmte Gebiete beschränkt. Als mehr osteuropäische Art vor allem in Mittel- und Süddeutschland vorkommend. Nach Wangerin „eine sehr charakteristische und an ihren Standorten meist gesellig auftretende Waldsegge, die zu den nicht besonders zahlreichen Arten ihrer Gattung gehört, die ausschließlich Bewohner mesophiler Laubwälder des Hügellandes bis zur mittleren Bergstufe sind. Infolge ihrer reichlichen Vermehrung durch lange, kriechende Ausläufer und durch die verhältnismäßige Stärke ihrer oberirdischen Triebe vermag *Carex pilosa* eine starke Konkurrenz gegenüber anderen Arten auszuüben. Gemessen aber an dem durchschnittlichen Bestand der Waldflora bedeutet *Carex pilosa* nur eine akzessorische Art, deren Auftreten nicht mit irgendeiner Besonder-

heit in den ökologischen Bedingungen der betreffenden Siedlungen in Zusammenhang gebracht werden kann, die andererseits aber infolge ihrer biologischen Fähigkeiten fast immer bestandbildend auftritt und so als biotischer Faktor die synoekologischen Verhältnisse der betreffenden Standorte maßgebend beeinflußt". Mit langen, dünnen, hellen unterirdischen Ausläufern, an deren Knoten mit schwarzroten Niederblättern, viele Triebe treibend.

Knickrandblätter um 5 mm, bis 10 mm breit, bis über 5 dm lang, an den Rändern und am unteren Kiel bewimpert, in der Jugend heller, im Alter etwas dunkelgrün, oberseits rauh, plötzlich zugespitzt, zur Basis sich verjüngend. Blattscheide dreikantig, schmal, rötlich. Vordere Scheidenwand häutig, netzfaserig. Mit deutlichem Blatthäutchen.
Triebgrund dreikantig, purpurrot.
Blüte April/Mai. He. Ein bräunlich-grünes, langgestieltes männliches Endährchen, 2—3 gestielte, entfernt stehende, lockerblütige, rostbraun-grüne oder grüne weibliche Ährchen. Tragblätter scheidenartig.

3. 2.2.2. Blattspreiten behaart, nicht bewimpert, fast mit Blattscheidenhautkragen

3. 2.2.2.1. Blattspreiten nur unterseits behaart, Blattscheide stark behaart, Ausläufer ohne Gliederwurzeln

Carex atherodes Spreng. (*C. siegertiana* Uechtr. *C. aristata* R. Br.) — Grannensegge

Naßwiesensauergras. Höhe 60—100 cm.
Auf Sumpfwiesen, sehr selten im nordöstlichen Flachland auftretend.
Mit langen, dicken unterirdischen Ausläufern, die nicht an den Gliedern bewurzelt sind.

Blattspreiten flach knickrandig, mittelbreit, 4—7 mm breit, mittellang, 3—5 dm lang, oberseits kahl, unterseits ebenso wie die Blattscheide behaart. Blattscheide dreikantig-rundlich. Vordere Scheidenwand häutig, stark netzfaserig, oberer Rand eingebogen.
Mit Hautkragen oder doch fast mit Hautkragen.
Triebgrund rundlich, weichhaarig, stark verdickt, mit roten Schuppenblättern.
Mit sehr hohem sterilen, runden Stengel.
Blüte Mai/Juni. He. 2—4 gedrängt sitzende, rostbraune männliche Endährchen, darunter 3—4 voneinander entfernt sitzende, dichtblütige weibliche Ährchen, bleichgrün.

3. 2.2.2.2. Blattspreiten ober- und unterseits behaart, ebenso wie die Blattscheiden, Ausläufer mit Gliederwurzeln.

Carex hirta L. — Behaarte Segge

Grünlandsauergras (Trockenrasensauergras, Waldsauergras). Höhe bis über 50 (90) cm.
Wohl die in Mitteleuropa verbreiteste aller Seggen. Verträgt Trockenheit und Nässe, Überdüngung und Nährstoffarmut, Kälte und Wärme. Ist keineswegs ein Zeichen von Nässe. Ein auf Grünland sehr häufiges, meist nicht erkanntes Sauergras. Auch in lichteren Kiefernwäldern auftretend.
Mit langen, dicken unterirdischen Ausläufern, die nicht nur an den Knoten bewurzelt sind, sondern auch an den Gliedern. Hauptwurzelmasse an den Schößlingen.

Blattspreiten flach bis knickrandig, mittelbreit, 3—5 mm breit, mittellang, 2—5 dm lang, dunkelgraugrün, nicht nur oberseits, sondern auch unterseits behaart. Blattscheide dreikantig rundlich, meist am stärksten behaart, wenn sonst die Behaarung fehlt, hier findet sie sich immer, bräunlich, meistens aber etwas rötlich nuanciert. Vordere Scheidenwand nicht sehr häutig, etwas netzfaserig, hochgehend und mit dem ziemlich großen Blatthäutchen hautkragig verbunden. Scheidenmündung kreisrund.

Triebgrund rund, rötlich, mit sterilem Stengel.
Blüte April/Juni. He. Mehrere hellbräunliche, gedrängt sitzende, schlanke männliche Endährchen, mehrere braun-grüne weibliche Ährchen, ziemlich weit voneinander entfernt, meistens gestielt und mit laubblattartigem Tragblatt.

Es kommt gelegentlich auch eine unbehaarte Abart f. *hirtaeformis* (PERS.) vor, dann unverkennlich an den Gliederwurzeln.
Zu dieser Gruppe mit behaarten Blättern gehören an sich auch noch die Hainbinsen (*Luzula*-Arten), die zu den *Juncaceen* gehören. Die *Luzula*-Arten des Waldes sind aber durch das Fehlen des Blattkiels und des Blatthäutchens und durch die einzigartige Behaarung so sauergrasunähnlich, daß man sie wohl kaum mit den eigentlichen Sauergräsern verwechseln wird, obwohl die Blattanordnung auch eine dreiseitige ist. Es sei hier nur auf die landwirtschaftlich bedeutsame unter ihnen eingegangen, die Feldhainbinse, Feldmarbel oder auch Hasenbrot genannt wird.

Luzula campestris (L.) DC. — Feldhainbinse, Feldmarbel, Hasenbrot

Grünlandsauergras (Trockenrasensauergras, Waldsauergras).
Sehr formenreiche und eine über die ganze Erde verbreitete Art. Es seien hier nur 2 Abarten genannt, v. *vulgaris* und v. *multiflora*. V. *vulgaris* ist auf frischem Magergrünland sehr häufig und dort Magerkeitsanzeiger, auf trockenem Grasland noch häufiger, dort Trockenheitsanzeiger.
Lockerrasig, mit kriechender Grundachse und mit kürzeren, dünnen bogig aufsteigenden unterirdischen Ausläufern, mit behaarteren Blättern, wird nur 15 cm hoch, blüht bereits im März. Die Abart v. *multiflora* tritt an mehr feuchteren Stellen auf. Sie ist mehr horstig, die Blätter sind weniger behaart, wird über 50 cm hoch, blüht erst April/Mai.
Beide blühen in Spirren mit bräunlichen Blüten, zu kopfigen Ährchen vereint, v. *multiflora* ist reichblütiger.
Luzula campestris tritt auch in Kiefernwäldern auf und gehört hier neben anderen kleinen Seggen zu den ersten blühenden „Gräsern“ des Waldes.

Ausgebreitete Blätter ohne Kiel, dunkelgrün, etwas lederig glänzend, mittelbreit, 2—4 mm breit, kurz, höchstens mittellang, mit typischer Schwielenspitze, unverkennbar für *Luzula campestris*. Ebenso wie alle anderen *Luzula*-Arten zeichnet sich auch *Luzula* campestris durch die einzigartige Behaarung aus. Die Blattspreiten sind wie mit einzelnen längeren Haaren belegt und haben weißliche Randhaare. Blattscheide geschlossen, ohne Blatthäutchen. Triebgrund ist oft violett überlaufen.

4. Vierte Gruppe: **Sauergräser mit ausgeprägtem Blattscheidenhautkragen**

Versehentlich könnte man die manchmal stark hautkragigen *Carex nigra* und *Carex gracilis*, die bei uns in der achten Gruppe der Sauergräser mit oberseits rauhen Knickrandblättern eingeordnet sind, als zu dieser vierten Gruppe gehörig betrachten. Sie weichen aber durch die langen, nicht schmalen, oberseits rauhen Knickrandblätter, die bei den Angehörigen der vierten Gruppe nicht vorkommen, so stark ab, daß eine Irreführung doch wohl nicht möglich ist. Die hautkragige *Carex spicata* haben wir dagegen, um Fehlbestimmungen auszuschließen, nicht nur in ihrer eigentlichen siebenten Gruppe der Sauergräser mit oberseits glatten Knickrandblättern untergebracht, sondern auch hier, um einer Verwechslung mit der sehr ähnlichen Hasenpfotensegge (*Carex leporina*) vorzubeugen.

4. 1. Horstsauergräser

4. 1.1. Hautkragen vorn, am oberen Rand der Bauchscheidenwand und hinten am Blatthäutchen deutlich eingebuchtet.

Carex remota L. — Winkelsegge

Waldsauergras. Höhe bis 60 cm und mehr.
In feuchten Erlen- und Eschenwäldern bei uns sehr stark verbreitet, typischer Feuchtigkeitsanzeiger (nicht Nässeanzeiger). Bildet sehr dichte, sehr triebreiche Horste mit vielen drahtigen Wurzeln.

Rinnenblätter, mittelbreit, 2—3 mm breit, mittellang, 2—5 und mehr dm lang, hellgrün, glänzend an der Spitze etwas rauh, sonst ziemlich glatt, Blattscheide dreikantig. Vordere Scheidenwand häutig, aber nicht weißhäutig, leicht zerreißend. Der typische vorn und hinten eingebuchtete Hautkragen nicht sehr hoch, aber deutlich ausgebildet.
Triebgrund rund, bräunlich, Seitentriebbildung intravaginal. Mit hohem sterilen Stengel.
Blüte Mai/Juni. Ho. Die einzelnen weißbräunlich-grünlichen Ährchen sitzen sehr entfernt voneinander in der Achsel eines Blattes, das im unteren Blütenstand wie ein Laubblatt, zur Spitze aber immer hochblattartiger entwickelt ist.

4. 1.2. Hautkragen weder vorn noch hinten eingebuchtet.

4. 1.2.1. Hautkragen vorn sehr stark entwickelt, hinten weniger.

Carex diandra SCHRANK (*C. teretiuscula* GOOD.) — Drahtsegge

Naßwiesensauergras, Mittelsegge. Höhe bis 60 cm.
Manchmal auf moorigen, nassen Wiesen, zerstreut aber gesellig, gern mit *Carex dioica* und *Carex lasiocarpa*, vor allem im Flachland vorkommend.
Bildet rasenförmige, lockere Horste mit einer Menge dünner Würzelchen. Die einzelnen grünen Triebe sind immer deutlich mehrere Kurztriebe voneinander entfernt.

Rinnenblätter schmal bis mittelbreit, 2—3 mm, mittellang, bis über 5 dm, oberseits grün, unterseits mehr graugrün, mit Dreikantspitze, schwach gekielt, am Rande rauh, sonst ober- und unterseits glatt. Blattscheide dreikantig, hoch. Vordere Scheidenwand derbhäutig, hell, gerade abgeschnitten und hoch hinaufgehend. Blatthäutchen hinten nicht so hochgehend. Hautkragen also vorn bedeutend höher als hinten. Scheidenmündung kreisrund.
Triebgrund dreikantig-rundlich, mit kurzen, schwarzbraunen oder bräunlich linierten Niederblättern, die nicht zerfasern. Ohne sterilen Stengel.
Blüte Mai/Juni. Ho. Blütenstand ährenartig, zum Grunde rispig aufgelockert, hellbraun (rötlichbraun), Tragblätter unscheinbar.

4. 1.2.2. Hautkragen vorn und hinten gleich stark entwickelt

4. 1.2.2.1. Blätter dunkelgrün, immer ist ein, wenn auch kurzer, so doch beim Herabziehen der Blätter über den Triebgrund deutlich sichtbar werdender runder, steriler Stengel vorhanden

Carex leporina L. (*C. ovalis* GOOD.) — Hasenpfotensegge

Grünlandsauergras (Waldsauergras). Höhe bis über 50 cm.
Gelegentlich auf etwas trockenem bis feuchtem, ärmeren Grünland, dortselbst sehr häufig an Wegen, auch in lichten Wäldern und an Waldwegen, vom Tiefland bis in die

Alpen häufig vorkommend. In dichten Horsten, aus Kurztrieben gebildete dicke, liegende Grundachse, die stark faserschopfig ist und dicht mit drahtigen Wurzeln besetzt ist. Grüne Triebe stehen dicht bei dicht (typische Wuchsform).

Blätter einfachrinnig bis flach-knickrandig, dunkelgraugrün, mittelbreit, 2—4 mm breit, mittellang, 2—5 dm lang, etwas starr, lederig, oberseits glatt, Ränder rauh, mit kleiner Dreikantspitze. Blattscheide dreikantig. Vordere Scheidenwand häutig, nicht leicht zerreißend, zerfällt lappig, die grünlinierten hinteren Scheidenwände des darunter liegenden jüngeren Blattes durchscheinend, oberer Rand der vorderen Scheidenwand nicht so hochgehend, meist nicht gerade, sondern ein wenig ausgerundet. Blatthäutchen durchsichtig, nicht hochgehend. Hautkragen also vorn und hinten gleich hoch entwickelt.
Triebgrund rund, hellbraun, mit kleinen, glänzenden, bräunlich linierten Niederblättern.
Mit hohem sterilen, rundlichen Stengel, dieser oft mit vielen Knoten zum Triebgrund, die teilweise von den Blattscheiden verdeckt werden.
Blüte Mai/Juni. Ho. Meist 4—7 genäherte hellbräunlich-grüne Ährchen, an mehreren Zweigen hasenpfotenähnlich, unscheinbares Tragblatt am Grunde des Blütenstandes.

4. 1.2.2.2. Blätter bläulichgrün, sehr grasähnlich, ohne sichtbaren sterilen Stengel, mit schwarzviolett gestreiften Scheiden

Carex spicata HUDS. (*C. contigua* HOPPE) — Dichtährige Segge, Stachelsegge

Grünlandsauergras — Waldsauergras. Höhe um 50 cm.
Ähnlich wie die Hasenpfotensegge tritt sie auf etwas trockenem bis feuchtem, ärmeren Grünland auf, ist aber auch auf etwas reicheren Böden oft vorherrschend, verträgt intensivere Kultur von allen Seggen des frischen Grünlandes am besten. In besseren Wäldern mehr vereinzelt als gesellig. Das süßgrasähnlichste Sauergras! Vom Tiefland bis in die Alpen häufig vorkommend.
Bildet dichte bis sehr dichte große Horste, Trieb an Trieb, ausgesprochen horstig. Triebbildung intravaginal. Fein bewurzelt, typisch auch mit roten Wurzeln.

Glatte Knickrandblätter, 3—5 mm breit, bis 5 dm lang, bläulich-grün, sehr grasähnlich von warmer Farbe wie die guten Gräser, oberseits glänzend. Blattscheide ausgesprochen dreikantig, schwarzrot oder violettschwarz liniert. Vordere Scheidenwand sehr dünnhäutig ebenso wie das Blatthäutchen, sehr leicht zerreißend, meistens hochgehend, oberer Rand mehr oder weniger waagerecht, aber oft auch nach oben fast zu einem Anhängsel ausgezogen, besonders bei den inneren Scheiden, mit dem Blatthäutchen meistens zu einem Hautkragen verbunden, wird daher auch in dieser Gruppe geführt. Scheidenmündung länglich-rund.
Triebgrund rundlich-verdickt mit schwarzrot linierten, kurzen Niederblättern, diese auch manchmal etwas faserschopfig. Ohne sterilen Stengel, obgleich hohe Scheide.
Blüte Mai/Juni. Ho. Blütenstand ährenähnlich, nach unten rispig aufgelockert, hellbraun-grün, Tragblatt unscheinbar.

4. 2. **Ausläufersauergräser**

4. 2.1. Vordere Scheidenwand nicht häutig, sondern krautig.

Carex disticha HUDS. (*C. intermedia* GOOD.) — Kammsegge, Zweizeilige Segge

Naßwiesensauergras. Höhe bis 90 cm.
Sehr häufige Mittelsegge, bildet auf moorigen oder doch lockerbodigen, nassen Wiesen oft weite lockerrasige Reinbestände; sowohl im Flachland als auch in höheren Lagen sehr verbreitet, meidet allzu verarmte Standorte. Gute, nicht unergiebige Streupflanze, durch Stecklinge künstlich vermehrbar. Unter besonderen Verhältnissen, auf zeitweilig überschwemmten Moorböden als Streupflanze anbauwürdig.

Bildet lange, sehr dicke, weißliche und unterirdische Ausläufer, deren Knoten durch die zerfasernden schwarzen scheidigen Niederblätter quasi quirlig behaart erscheinen. Mit Trieb-, Knoten- und auch Gliederwurzeln und dichtem Wurzelfilz.

Flache Knickrandblätter, manchmal auch nur einfach rinnig, mittelbreit, 2—5 mm, über 5 dm bis 10 dm lang, mit sehr feiner, lang zugespitzter Dreikantspitze, dunkelgrün, unterseits regelmäßig liniert. Blattscheide grün, dreikantig.
Vordere Scheidenwand krautig derb, oberer Rand häutig, bogig eingelassen, bildet mit dem Blatthäutchen einen deutlichen Hautkragen. Blatthäutchen nicht sehr hoch hinaufgehend. Scheidenmündung eirund.
Triebgrund rundlich mit ebenfalls schwarzbraunen, zerfasernden Niederblättern.
Mit ausgesprochen sehr hohem sterilen Stengel, von dem die Blätter ausgehen und nicht von der Grundachse, bildet also keine Schößlinge wie die meisten anderen Riedgräser.
Blüte Mai/Juni. Ho. Ährchen rotbraun, Blütenstand ährenartig, am Grunde rispig aufgelockert. Tragblatt kaum oder unscheinbar.
Ein sehr leicht kenntliches Sauergras und eine der häufigsten Seggen.

4. 2.2. Vordere Scheidenwand häutig.

4. 2.2.1. Vordere Scheidenwand löst sich auf, unter Hinterlassung eines Gefäßbündelfasernetzes. Hautkragen derb und braun.

Carex lasiocarpa EHRH. (*C. filiformis* GOOD.) — Fadensegge

Naßwiesensauergras. Mittelsegge. Höhe um 60 cm, bis 90 cm. Bestandbildend in Sümpfen jeden Charakters, aber häufiger in Sümpfen und auf nassen Wiesen mehr von Hochmoorcharakter, hier oft über weite Strecken sich hinziehend. In der Ebene und zuweilen auch in höheren Lagen vorkommend.
Bildet viele, tief kriechende, dicke bis sehr dicke, lange, fleischige, helle Ausläufer, Niederblätter erst hell, dann bräunlich, länger als die Internodien. Mit Trieb-, Knoten- und Gliederwurzeln und dichtem Wurzelfilz am Trieb, Triebe nicht einzeln, sondern büschelartig.

Rinnenblätter schmal, nur 2, höchstens 3 mm breit, bis 10 dm lang, graugrün, mit sehr langer Dreikantspitze, ohne Kiel, meistens borstig zusammengefaltet, an den Rändern durch Zähne sehr rauh, steif aufrecht, unterseits glatt und glänzend. Blattscheide rund. Vordere Scheidenwand derbhäutig, fasernetzig, deutlich nur an älteren Blättern, junge Blätter aber bereits längsfaserig. Hintere Scheidenwände oft fuchsig-bräunlich gefärbt. Mit Hautkragen, typisch andersfarbig, besonders vorn bräunlich gefärbt. Blatthäutchen im spitzen Winkel, aber stumpfbogig, deutlich ausgebildet.
Triebgrund rund, mit glänzenden, bräunlichen Niederblättern. Mit sehr hohem, rundem dünnem sterilen Stengel.
Blüte Mai/Juni. He. 1—3 lange, schlanke, purpurbraune männliche Endährchen, meistens 2 graubräunliche weibliche Ährchen, entfernt oder etwas genähert sitzend, Tragblatt laubblattartig.
(Sie führt ihren Namen „Fadensegge" nach den schmalen Halmen und Blättern).

4. 2.2.2. Vordere Scheidenwand löst sich auf, ohne ein Gefäßbündelfasernetz zu hinterlassen.

4. 2.2.2.1. Hautkragen bräunlich überlaufen, oft fransig, Blatthäutchen sehr kurz, Grundachse terpentinduftend.

Carex arenaria L. — Sandsegge

Trockenrasensauergras. Höhe etwa 30 cm.
Auf trockenem Sand, Flugsandfeldern, hier oft Erstbesiedler, und in trockenen, sandigen,

lichten Kiefernwäldern. Mitbestandsbildner des Schafschwingelrasens und überhaupt der Pflanzenbestände der trockenen Grasländereien, besonders in der Silbergrasflur; bindet Dünensand, zur Festlegung von Dünen auch angepflanzt, nur im Tiefland vorkommend.
Bildet lange, bis zu 3 m, dicke bis sehr dicke, terpentinduftende, unterirdische Ausläufer, die schnurgerade verlaufen, bräunliche Niederblätter etwas länger als die Internodien. Die terpentinduftenden Ausläufer waren früher offizinell.
Mit Trieb- und Knotenwurzeln, nie mit Gliederwurzeln.

Rinnenblätter mittelbreit, 2—5 mm, mittellang, 2—5 dm, dunkelgrün, lederig, steif mit etwas rauhen Rändern, nur an der Spitze zuweilen auch knickrandig. Blattscheide dreikantig-rundlich. Vordere Scheidenwand häutig bleibend, nicht netzig zerfasernd, hochgehend, nach unten ausgebogen, mit derbem, auffällig braungerandetem, sehr ausgeprägtem Hautkragen. Scheidenmündung eirund.
Triebgrund rund, mit bräunlichen Niederblättern besetzt.
Hoher, ausgeprägter, fester steriler Stengel.
Blüte Mai/Juni. Ho. Ährenartiger Blütenstand, am Grunde etwas rispig. Hellbraun-grüne Ährchen. Tragblatt mit laubblattartiger Spitze.

4. 2.2.2.2. Hautkragen mehr gelblich überlaufen, nicht fransig, Blatthäutchen deutlich, Grundachse terpentinduftend.

Carex ligerica GAY (*C. pseudo-arenaria* REICHENB.) — Französische Segge

Trockenrasensauergras. Höhe bis 40 cm.
Ähnlich vorkommend wie *Carex arenaria*, nicht so häufig, aber wenn, dann oft in Massen auftretend, nur im Tiefland.
Bildet starke, lang, terpentinduftende unterirdische Ausläufer, aber nicht schnurgerade wie *Carex arenaria*, sondern oft sehr „verzweigt". Triebe zu mehreren reihenweise dicht zusammenstehend. Mit Trieb- und Knotenwurzeln, am Trieb ein dichter Wurzelfilz. Ausläufer und Wurzeln typisch rostbraun gefärbt.

Rinnenblatt schmal, 2 mm breit, bis 5 dm lang, graugrün, ohne Kiel, derb, jung in aufrechter Haltung, im Alter auffällig liegend. Blattscheide rundlich, sehr hochgehend. Vordere Scheidenwand derbhäutig, nicht netzfaserig, oberer Rand gelblich und mit dem derben, deutlichen, ebenfalls etwas gelblichen Blatthäutchen einen bleibenden Hautkragen bildend. Scheidenmündung eirund.
Triebgrund rund, rostbräunlich gefärbt.
Mit sterilem Stengel.
Blüte Mai/Juni. Ho. Blütenstand ähnlich wie bei *Carex praecox*, bräunlich-grüne Ährchen, traubig angeordnet, Tragblatt kaum oder ganz unscheinbar.

4. 2.2.2.3. Hautkragen weder bräunlich noch gelblich überlaufen, Blatthäutchen länger, Grundachse nicht terpentinduftend.

4. 2.2.2.3.1. Bauchscheidenhaut schneeweiß, sehr leicht und frühzeitig zerfallend.

Carex alba SCOP. — Weiße Segge

Waldsauergras. Höhe 10—40 cm.
In lichten Laub- und Fichten- und auch Kiefernwäldern auf trockenen, kalkhaltigen Hängen der Berglagen wachsend. Bei uns kaum vorkommend, in Südmitteleuropa zerstreut, aber in den Alpen eine charakteristische Art.
Bildet lange, dünne bis mitteldicke unterirdische Ausläufer mit braunen, meist glänzenden Niederblättern besetzt.

Büschel von sterilen Trieben treibend.
Rinnenblätter schmal, 1—2 mm, mittellang, 2—5 dm, hellgrün, Blattscheide gelbbraun. Vordere Scheidenwand schneeweiß, sehr dünnhäutig, sehr leicht und frühzeitig zerreißend, nicht netzfaserig. Mit Hautkragen.
Triebgrund rundlich.
Blüte April/Mai. He. 1 schmallanzettliches, weißliches Endährchen, meist 2 armblütige, starr aufrechte weibliche Ährchen mit weißlichen Deckspelzen.

4. 2.2.2.3.2. Bauchscheidenhaut nicht so schneeweiß und derber, schwer zerfallend und länger bleibend.

4. 2.2.2.3.2.1. Mit sehr hohem Blattscheidenhautkragen.

Carex brizoides L. — Zittergrassegge, Seegras, Waldhaar

Waldsauergras — Grünlandsauergras. Höhe 60 cm.
Bildet auf feuchteren, etwas verschlämmten, zur Wasserstauung neigenden Böden dichte Bestände im Walde. Auf feuchtnassen, meistens lehmig-tonigen Böden auch auf dem Grünland. Mehr in Mittel- und Süddeutschland als im nördlichen Flachland, dort aber oft massenhaft auftretend.
Wird gerauft und als Polstermaterial anstelle des echten Seegrases (*Zostera marina*) verwendet. In Süddeutschland soll es Wälder geben, bei denen die Einahmen aus Zittergrassegge höher sind als die aus den Bäumen (siehe auch Hesmer 1950).
Durchzieht den Boden mit einem Netz von mitteldicken, unterirdischen Ausläufern, deren Knoten mit hell-violett-bräunlichen Niederblättern besetzt sind. Triebe mehr einzeln und nicht büschelartig. Mit Trieb- und Knotenwurzeln.

Flache Knickrandblätter bis Rinnenblätter, 2—3 mm breit, über 10 dm lang, grün, am Rande sehr stark gezähnelt, auch oberseits, besonders zur Blattspitze hin rauh, Haltung schlaff, überhängend. Blattscheide rundlich-dreikantig. Vordere Scheidenwand derbhäutig, sich lange erhaltend, nicht netzfaserig. Mit sehr hohem Hautkragen, vorn ausgebogen. Der höchste und ausgeprägteste Hautkragen dieser Gruppe. Scheidenmündung eirund.
Triebgrund rund oder rundlich, mit bräunlichen Niederblättern. Mit sehr hohem sterilen Stengel.
Blüte Mai/Juni. Ho. Ährchen strohgelb, sitzend, traubig angeordnet, seitwärts gebogen. Mit kurzem, oft schuppenförmigem Tragblatt.

4. 2.2.2.3.2.2. Mit weniger hohem Blattscheidenhautkragen.

Carex praecox Schreb. (*C. schreberi* Schrank) — Frühe Segge

Trockenrasensauergras. Höhe 20—30 cm (bis 60 cm).
Trockenrasen, sonnige Hügel, auch in trockenen Wäldern auf leichten Böden, mehr am Rand und an Wegen, vom Tiefland bis in die Bergstufen steigend, aber gegendweise fehlend.
Lockerrasig, mit dünnen bis mitteldicken, drahtigen, bräunlichen unterirdischen Ausläufern, deren bräunliche Niederblätter schnell zerfasern, Triebe alle 4—5 Internodien in reihenweise angeordneten Büscheln, mit sehr vielen feinen Knoten- und Triebwurzeln.

Rinnenblatt schmal, 1—2 mm, kurz, 1—2 dm, dunkelgrün, oberseits liniert, in der Mitte wie mit einer hellen Schiene, in eine kleine Scirpusspitze auslaufend, Haltung aufrecht. Blattscheide dreikantig-rundlich, sehr schmal, sehr hochgehend. Vordere Scheidenwand derbhäutig, bleibend, nach unten eingebogen. Scheidenmündung eirund, mit ausgesprochenem Hautkragen.

Triebgrund rundlich, wie aber schnell dreikantig, mit bräunlichen Niederblättern.
Mit höherem sterilen Stengel.
Blüte März/April. Ho. 3—6 kleine rotbraune Ährchen, etwas gedrängt an der Spitze sitzend, Tragblatt unscheinbar.

Das Alpensauergras dieser Gruppe, die Rostfarbige Segge (*Carex ferruginea*) und das ausgesprochene Salzbodensauergras, das Fuchsrote Quellried oder die Fuchsrote Simse (*Scirpus rufus*) haben wir nicht in den Bestimmungsschlüssel mit aufgenommen. Das Alpensauergras ist dadurch vor allen anderen Vertretern dieser Gruppe ausgezeichnet, daß die Blattscheide rot überlaufen ist und die Fuchsrote Simse, daß ihr Vorkommen nur auf Salzboden beschränkt ist.

Carex ferruginea Scop. — Rostfarbige Segge

Alpensauergras. Höhe 30—35 cm.
Bestandbildend auf frischen bis feuchten Standorten der Voralpen, meistens auf Kalk, doch auch auf Urgesteinsböden; gern als Untergras auf humosen Böden der Legföhrenbestände, auch in tiefere Lagen hinabsteigend. Gern gesehener, weil gern gefressener Bestandteil des Magerwiesenwildheues.
Mit einem Netz von langen, dünnen, unterirdischen Ausläufern.

Rinnenblätter schmal, 1—2 mm, über 5 dm lang, dunkelgrün, oberseits rauh, schlaff überhängend, Blattscheide typisch rot überlaufen. Vordere Scheidenwand derbhäutig, schwer zerfallend, netzfaserig. Mit nicht so hohem Hautkragen.
Triebgrund dunkelpurpurrot, mit vielen sterilen Trieben. Seitentriebbildung extravaginal.
Blüte Juni. He. Fuchsbräunliches, gestieltes männliches Endährchen, 2—3 gestielte, meistens nickende, schwarzbraune, lockerfrüchtige weibliche Ährchen mit kürzeren, laubblattartigen Tragblättern.

Scirpus rufus (Huds.) Schrad. (*Blysmus rufus* (Huds.) Link) — Fuchsrote Simse, Fuchsrotes Quellried

Salzgrünlandsauergras. Höhe bis 40 cm.
Ausgesprochener Halophyt. Nur auf Salzgrünland. An der Nord- und Ostseeküste sehr verbreitet, aber auch vereinzelt auf Salzstellen des Binnenlandes vorkommend. Deutet auf Verarmung hin.
Bildet dicke, bogige, verzweigte unterirdische Ausläufer, mit schwarzbraunen, schnell zergehenden Niederblättern besetzt. Mit Trieb-, Knoten- und Gliederwurzeln.

Rinnenblätter um 3 mm breit, um 2 dm lang, graublaugrün, ungekielt, mit Dreikantspitze, glatt, etwas sukkulent wirkend. Blattscheide rund. Vordere Scheidenwand häutig, bleibend. Hintere Scheidenwände sehr weit nach vorn übergreifend, so daß die Bauchscheidenwand leicht etwas krautig wirkt. Scheidenmündung kreisrund. Mit ausgeprägtem Hautkragen.
Triebgrund rund.
Mit sterilem Stengel.
Blüte Mai/Juni und August/September, Ährchen rotbraun, wenigblütig, in einer zweizeiligen, endständigen Ähre angeordnet.

5. Fünfte Gruppe: **Sauergräser mit Bauchscheidenhautlappen**

5. 1. Bauchscheidenhautlappen ziemlich lang, Blätter graugrün

Carex distans L. — Entferntährige Segge, Lückensegge

Salzgrünlandsauergras. Höhe 20—80 cm.
Sehr häufig an salzigen Standorten der Meeresküste und des Binnenlandes. Bildet sehr dichte rasenförmige Horste mit vielen, sowohl drahtigen als auch feinen Wurzeln am liegenden Wurzelstock.

Ausgesprochene Knickrandblätter, graugrün, 3—5 mm breit, einige dm lang, mit kleiner Dreikantspitze, unterhalb der Spitze rauh. Blattscheide dreikantig, meistens rot überlaufen. Vordere Scheidenwand sehr dünnhäutig und leicht zerreißend, mit einem ziemlich langen, aufrechten Hautfortsatz (wie eine Zunge). Blatthäutchen kurz, aber deutlich, im Winkel von 90° angesetzt. Scheidenmündung rundlich.
Triebgrund rund von schwarz-bräunlichen, kurzen, etwas zerfasernden Niederblättern umgeben. Ohne sterilen Stengel.
Blüte Mai/Juni. He. Ein schmales, rostfarbenes, männliches Endährchen, 2—3 sehr entfernt voneinander, braun-grüne weibliche Ährchen, die oberen kurz, die unterste meistens länger gestielt, etwas hängend. Laubblattartiges Tragblatt.

5. 2. Bauchscheidenhautlappen kürzer, nur eine Ausbuchtung, Blätter blaugrün.

Carex hostiana Dc. (*C. hornschuchiana* Hoppe) — Saumsegge

Naßwiesensauergras. Höhe bis 40 cm.
Stellenweise häufig an Sumpfrändern und auf Sumpfwiesen, vom Tiefland bis in die Voralpen vorkommend.
Lockerrasig in etwas ausgebreiteten Horsten, oder auch manchmal kurze Ausläufer bildend.

Ausgesprochene Knickrandblätter, mittelbreit, bis 5 mm, mittellang, bis 5 dm, blaugrün. Blattscheide dreikantig, nicht sehr hochgehend. Vordere Scheidenwand mit eiförmigem, kürzerem Anhängsel, sehr dünnhäutig und leicht zerreißend, zerfasernd, aber nicht netzig. Blatthäutchen groß ebenso dünnhäutig, nicht sehr hoch angesetzt.
Triebgrund dreikantig, braun, Triebe extravaginal.
Blüte Mai/Juni. He. 1 bräunliches männliches Endährchen, 2—4 rostfarben-grüne weibliche Ährchen, aufrecht, nicht so entfernt voneinander angesetzt wie bei *Carex distans*. Mit laubblattartigem Tragblatt.

In dieser Gruppe sind von uns nur zwei Sauergräser untergebracht. Trotzdem kann man diese Gruppe nicht fallen lassen, weil noch mehrere andere Sauergräser hierher gehören: die Strandsegge (*Carex extensa* Good.) die Punktierte Segge (*Carex punctata* Gaudin) u. a. m., die wir aber in die Bestimmung nicht mit aufgenommen haben.
Beide Seggen sind salzliebend und treten mit *C. distans* zusammen auf den Inseln der Nordsee auf und auch auf Salzflächen der Ostsee und sehr selten auch im Binnenlande.

6. Sechste Gruppe: **Sauergräser mit einfachen Rinnenblättern**

Die hier eingruppierte Schattensegge (*Carex umbrosa*) hat im Alter Knickrandblätter. Sie wird deshalb auch mit in der achten Gruppe aufgeführt.

6. 1. **Horstsauergräser**

6. 1.1. Blattscheiden ohne rötliche Nuancierung.

6. 1.1.1. Blattspreiten breiter, über 5 mm breit.

6. 1.1.1.1. Blattspreiten hohlrinnig, die Schuppenblätter am Grunde des Triebes glänzend schwarz bzw. schwarzstrichig und nicht zerfasernd.

Carex paniculata L. — Rispensegge

Naßwiesensauergras. Hohe Bültsegge, bis über 1 m hoch. Gewöhnlich an wasserzügigen Rändern von Tümpeln, aber manchmal auch auf großen Flächen bestandbildend, und

zwar auf nassen, quelligen Wiesen, Quellzeiger. Überall vorkommend, geht in den Gebirgslagen bis fast zur Baumgrenze. Gehört aber nicht zu den häufigsten Großseggen.
In großen Polsterhorsten, ausgesprochene Bültsegge, mit reichem Wurzelwerk und auch sehr dicken Wurzeln. Stehende Grundachse wächst etwas stockwerkartig. Die Beseitigung der Bülten nach der Entwässerung ist sehr schwierig.

Rinnenblätter über 5 mm breit, sehr lang, bis fast 20 dm lang, graugrün, hohlrinnig, derb, steif, allmählich zugespitzt, Blattränder durch Zähne rauh. Blattscheide rund, sehr hochgehend, hell- bis schwarzbraun. Vordere Scheidenwand derbhäutig, weißlich, nicht so leicht zerreißend, oberer Rand etwas nach unten ausgebuchtet. Blatthäutchen schmaler Saum, unregelmäßig, nicht hoch angesetzt, oft nur eine Spur. Scheidenmündung kreisrund.
Triebgrund rund, mit typisch großen, glänzend braunen bis schwarzen oder schwarzstrichigen, nicht zerfasernden Schuppenblättern.
Ohne sterilen Stengel.
Blüte Mai/Juni. Ho. Blütenstand rispig, mit hellbraunen Ährchenzweigen, ohne Tragblatt.

6. 1.1.1.2. Blattspreiten nicht hohlrinnig, sondern scharfrinnig, wie aus Blech getrieben, Schuppenblätter am Grunde des Triebes nicht schwarz glänzend, sondern gelbbraun.

Carex hordeistichos VILL. — Gerstensegge

Salzgrünlandsauergras. Höhe bis 20 cm.
Auf feuchten Salzböden an den Salzstellen des Binnenlandes, aber selten.
Ausgesprochen horstig, mit liegender Grundachse und vielen drahtigen Wurzeln.

Rinnenblätter über 5 mm breit, bis über 5 dm lang, auffällig hellgraugrün, ausgesprochen scharfrinnig und nicht hohlrinnig, starr wie aus Blech getrieben, vom Grunde an allmählich in eine Spitze verschmälert. Blattränder und Kiel rauh. Blattscheide rundlich, kurz. Vordere Scheidenwand weiß, dünnhäutig, zerfällt lappig und leicht, oberer Rand gerade, über den Blattspreitenansatz verlängert. Blatthäutchen vorn höher als hinten, sehr schmal, scheinbarer Hautkragen. Blattscheidenmündung kreisrund.
Triebgrund rund mit gelbbraunen, nicht glänzenden Schuppenblättern. Ohne sterilen Stengel.
Blüte Mai/Juli. He. 2 schlanke männliche Endährchen, mehrere hellrot-grüne, dicke weibliche Ährchen, sitzend in der Achsel langer, laubblattartiger Tragblätter, mehr oder weniger entfernt. Schläuche sehr groß (bis 1 cm). Nach HEGI die größten unter den einheimischen Sauergräsern.

6. 1.1.2. Blattspreiten schmäler, um 2 mm breit,

6. 1.1.2.1. Blattspreiten mit langer Dreikantspitze.

Carex stellulata GOOD (*C. echinata aut.*) — Sternsegge, Igelsegge

Naßwiesensauergras. Höhe bis 45 cm, auch höher.
Auf ärmerem Sumpfland, oft zwischen *Sphagnum*, überall verbreitet. Vom Tiefland bis in die Alpen gehend.
Bildet lockere, starre, igelige Horste, durch *Sphagnum* gezwungen, die Grundachse höher zu legen, strecken sich die Kurztriebe oft etwas ausläuferartig.

Rinnenblätter schmal, 1—2 (3) mm breit, 2—5 dm lang, dunkelgrün, sehr starr. Keine andere schmalblättrige Segge hat infolge der Haltung der Blätter so starre igelige Horste. Blätter meistens zusammengefaltet, aber immer auseinanderzuklappen zu einem richtigen Blatt, mit langer Dreikantspitze. Blattscheide dreikantig, grün. Vordere Scheidenwand häutig, durchsichtig, bleibend, oberer Rand etwas ausgerundet. Hintere Scheidenwände streifig. Blatthäutchen klein, kurz abgeschnitten, spitz- bis rechtwinklig. Scheidenmündung oval oder kreisrund.

Triebgrund rund, aber bald dreikantig werdend, mit schwärzlichen Niederblättern ohne Faserschopf.
Blüte Mai/Juni. Ho. Wenige Ährchen in mehreren „Sternchen" zusammengeordnet (*stellulata* — sternchenartig), entfernt voneinander sitzend, braun-grün, unterstes Sternchen mit etwas laubblattartigem Tragblatt.

6. 1.1.2.2. Blattspreiten ohne lange Dreikantspitze; Bauchscheidenwand frühzeitig zerreißend, Grundachse mit langem, schwarzem Faserschopf.

Carex appropinquata SCHUM. (*C. paradoxa* WILLD.) — Schwarzschopfsegge, Sonderbare Segge

Naßwiesensauergras. Mittelhohe Bültsegge. Höhe bis 60 cm und auch höher.
Gelegentlich auf nassen, ärmeren Wiesen bestandbildend, Bültseggenwiesen. Vom Tiefland bis in die Alpen vorkommend. Die Beseitigung der Bülten nach der Entwässerung bereitet keine Schwierigkeiten.
Die bültigen Horste mit vielen dicken, langen Wurzeln und einem Filz von Wurzelhärchen.

Blätter schmal bis mittelbreit, 2—3 mm, bis 10 dm lang, hohlrinnig, grün, ohne Dreikantspitze, oberseits und Blattränder rauh. Blattscheide dreikantig-rundlich, hell- oder dunkelbraun. Vordere Scheidenwand häutig, ausgerandet, frühzeitig lappig zerreißend. Blatthäutchen nur als Spur vorhanden, gerade abgeschnitten, Scheidenmündung kreisrund.
Triebgrund rund, mit langem, schwarzem Faserschopf.
Blüte Mai/Juni. Ho. Ährchen rotbraun, zu einer dichten, länglichen, aufrechten Rispe vereint Tragblätter der unteren Rispenäste laubblattartig.

6. 1.2. Blattscheiden mit rötlicher Nuancierung.

6. 1.2.1. Bauchscheidenwand zerfällt unter Zurücklassung eines Gefäßbündelfasernetzes, Grundachse kräftig, reich verzweigt, mit den Triebresten mehrerer Jahrgänge besetzt, Scheiden rotbraunstreifig.

Carex humilis LEYS. — Erdsegge

Waldsauergras — Trockenrasensauergras. Höhe 5—15 cm.
Waldsauergras besonders der Kalkböden, als Trockenrasensauergras sehr gesellig auf sonnigen Kalkhängen in und am Walde und bestandbildend auf sterilen Kalkhängen in Südlagen. Aber keine kalkstete, sondern wärmeliebende Art. Als termophile Art gehört sie zu den pontischen Florenelementen, deren Vorkommen nach Norden begrenzt ist. Auf den pontischen Hügeln gern mit *Carex supina* vergesellschaftet. Als starker Humusbildner zählt sie zu den Pionieren der Vegetation.
Bildet lockere Horste, die ähnlich in Hexenringen aufgebaut sind wie bei *Carex montana*. Die abgestorbenen Triebe erhalten sich ebenfalls lange, oft viele Jahrgänge. Im Frühjahr bilden die Horste einen dichten Wall aus den zahlreichen, vertrockneten vorjährigen Blättern, aus dem die jungen Blätter hellgrün sprießen. Mit sehr kräftigen und langen Wurzeln, die sich plötzlich in feinere Würzelchen auflösen.

Rinnenblatt, sehr schmal bis schmal, 1—1,5 (2) mm, kurz bis mittellang, 2—3 (5) dm, hohlrinnig und nicht wie die Borstblättrigen dreikantig voll, schmallinealisch und fein zugespitzt, etwas steif, aber nicht aufrecht, sondern bogig liegend, Oberfläche glatt, Blattränder sehr rauh, junge Blätter

hellgrün, ältere dunkelgrün. Blattscheide rund, rotbraun gestreift. Vordere Scheidenwand häutig, hochgehend, zerfällt netzig, kleines Blatthäutchen. Scheidenmündung rund.
Triebgrund rund, rotbraun gestreift, mit rotbraunen Schuppenblättern.
Blüte März/April, Mai. He. Ein rotbraunes, weißrandiges männliches Endährchen, meistens drei sitzende weibliche Ährchen, braun-silberglänzend, weißrandig, wenig- und lockerblütig, die fast gänzlich in die Tragblätter eingeschlossen sind. Blütenstand verschwindet fast im Gräserschopf, nur nach dem Verblühen schauen die weißlichen männlichen Ährchen auffällig heraus.

6. 1.2.2. Bauchscheidenwand zerfällt, ohne ein Gefäßbündelfasernetz zu hinterlassen.

6. 1.2.2.1. Mit Faserschopf. Scheiden lila gestreift, hautkragig.

Carex umbrosa Host (*C. polyrrhiza* Wallr.) — Schattensegge

Waldsauergras. Höhe bis 50 cm.
In guten kräftigen Laubwäldern auf nährstoffreichen, schweren, frischen Böden, mehr in einzelnen Horsten als gesellig, im nördlichen Flachland selten, häufiger in Mittel- und Süddeutschland.
Bildet dichte, bültige Horste, Achsenaufbau etwas stockwerkartig.

Blätter schmallineal, 2—3 mm breit, 5—10 dm lang, im Alter meist etwas knickrandig, jung: einfachrinnig. Die alten knickrandigen Blätter liegen im Frühjahr am Boden und sterben bis zum Sommer ab. Die jungen einfachrinnigen Blätter wachsen allmählich zu hochstehenden Schöpfen daraus empor. Junge Rinnenblätter hellgrün, oft zusammengefaltet, ältere Blätter dunkelgrün, steif, aber nicht aufrecht, sondern liegend, überall rauh. Blattscheide dreikantig-rundlich, lila gestreift. Vordere Scheidenwand häutig, nicht netzig, oberer Rand gerade. Blatthäutchen gerade, kurz, hautkragig.
Triebgrund rund, rotbraun-violett gestreift, mit ausgesprochenem Faserschopf, aber hauptsächlich an der Grundachse, Seitentriebbildung intravaginal.
Blüte Mai/Juni. He. Ein dickes keulenförmiges, bräunliches männliches Endährchen, 2—3 weibliche Ährchen, rotbraun-grün, aufrecht, kurz gestielt, unterste Ährchen mit kurzem Tragblatt.

6. 1.2.2.2. Mit Strohtunica, Scheiden rot überlaufen, nicht hautkragig.

Carex sempervirens Vill. — Horst-Segge, Immergrüne Segge

Alpensauergras. Höhe bis 40 cm.
Häufig auf trockeneren Kalkhängen, doch auch auf Urgesteinsböden im Hochgebirge weite Bestände bildend, ebenfalls in tiefere Lagen hinabsteigend, so in die süddeutschen Heidewiesen des Jura. Gern gesehener Bestandteil des Magerwiesenheus. Pionier der Vegetation, da selbst ohne Ansprüche an Humusgehalt und Tiefgründigkeit des Bodens, dabei humusbildend. Eine ausgesprochen xerophile, d. h. Trockenheit liebende, Pflanze. Bildet dichte starke Horste aus zahlreichen, zuletzt faserig umscheideten Triebbündeln. Bei starker Neigung des Geländes löst sich der geschlossene Rasen auf und ihre mächtigen Horste kleben terrassenartig an den steilen, felsigen Wänden als willkommene Stützpunkte der Kletterer (Stebler und Schröter 1892).

Rinnenblätter mittelbreit, 2—4 mm, mittellang bis lang, über 5 dm, dunkelgrün, glänzend, oberseits glatt, flach mit sozusagen umgekehrtem Kiel. Blattscheide dreikantig-rundlich, rot überlaufen. Vordere Scheidenwand häutig, aber nicht netzfaserig, nicht hautkragig.
Triebe intravaginal.

Triebgrund rund, rot, mit Strohtunica.
Blüte Juni/Juli. He. Einkeulenförmiges, bräunliches männliches Endährchen und mehrere gestielte, rotbraune weibliche Ährchen mit laubblattartigem Tragblatt.

6. 2. **Ausläufersauergräser**

6. 2.1. Blattscheiden ohne jede rötliche Nuancierung, ohne auch die Spur eines Blatthäutchens.

Cladium mariscus (L.) POHL — Binsenschneide, Rosinengras

Naßwiesensauergras, Höhe bis 2,5 m. „Großsegge".
Selten, aber gesellig auf nassen Mooren und an Seeufern, auch in flachen Gewässern. Torfbildner. Vorwiegend im Flachland vorkommend. Dieses stattliche Sauergras gehört als Verlandungspflanze mehr zu den Röhrichten. Nach DÖRTER (1974) eine sehr beachtenswerte Verlandungspflanze, die dort, wo sie noch vorkommt, geschützt werden sollte, da sie im allgemeinen im Rückgang begriffen ist. Neben *Cladium mariscus*, die ein Kosmopolit ist, gibt es nur noch eine zweite Art dieser Gattung in Nordamerika, *Cladium mariscoides* (MÜELENB.) TORR. (HEGI 1966).
Bildet sehr dicke, tiefstreichende unterirdische Ausläufer.

Rinnenblätter breit, 5—10 mm und breiter, lang bis sehr lang, über 10 dm lang, blaugraugrün, unterseits liniert, mit Dreikantspitze, sehr starkem Kiel; sowohl am Kiel als auch an den Blatträndern von Sägezähnen sehr stark rauh, und zwar nach vorn gezähnelt. Blattscheide dreikantig-stumpf, ohne Blatthäutchen, eines der wenigen Sauergräser ohne auch eine Spur von Blatthäutchen.
Triebgrund rund oder stumpfdreikantig.
Blüte Juni/Juli/August. Reicher Blütenstand. Spirren eine große Rispe bildend. Ährchen gelbbraun, zur Fruchtzeit rötlich-braun, daher auch „Rosinengras".

6. 2.2. Blattscheiden mit rötlicher Nuancierung, mit Blatthäutchen.

6. 2.2.1. Blattspreiten mit sehr langer Dreikantspitze, Scheiden rosarot.

Eriophorum angustifolium HONCK. (*E. polystachion* L.) — Schmalblättriges Wollgras

Naßwiesensauergras. Höhe bis 50 cm. „Mittelsegge".
Oft auf nassen, ärmeren Wiesen, stellenweise dort bestandbildend, Mitbesiedler bei Moorbildung, vor allem von Flachmooranfangsstadien. Von der Ebene bis ins Hochgebirge verbreitet.
Bildet lange, mitteldicke bis dicke, helle, oft etwas rötliche unterirdische Ausläufer. Hauptsächlich mit Triebwurzeln, Knoten- und Gliederwurzeln oft nur vereinzelt, mit dichtem Wurzelfilz und rötlichen Wurzeln. Die längeren Niederblätter an den Ausläufern schnell zergehend.

Rinnenblätter 5 mm breit, aber auch schmäler und auch breiter, sogar bis 10 mm, bis 10 dm lang und länger, dunkelgrün, fleischig, mit sehr langer Dreikantspitze, Blattunterseite rundlich, kaum gekielt, auffällig weiß liniert. Blattscheide rund und ganz typisch rosarot, sehr hochgehend. Vordere Scheidenwand sehr dünnhäutig, die darunter liegende, nächst jüngere hintere Scheidenwand grün durchscheinend, leicht zerreißend, nicht netzig, oberer Rand hochgehend und mit dem Blatthäutchen oft hautkragig verbunden. Scheidenmündung kreisrund.
Triebgrund rund, rosa.
Blüte April/Mai, mehrköpfig, mit 3—5 (—8), nach der Blüte weißwolligen Ährchen, an langen Stielen hängend.

6. 2.2.2. Blattspreiten mit viel kürzerer Dreikantspitze. Scheiden rötlich nuanciert. Blattoberseite weißlich.

Carex rostrata STOKES (*C. inflata* aut., *C. ampullacea* GOOD.) — Schnabelsegge, Flaschensegge

Naßwiesensauergras. Höhe bis 60 cm, Mittelsegge.
Hauptbestandsbildner auf nassen, armen, sumpfigen Wiesen, flachmoorigen oder auch hochmoorigen Charakters, auch in Torflöchern und Tümpeln mit etwas stagnierendem Wasser, sehr verbreitet von der Ebene bis in Hochgebirge gehend.
Als Allerweltsverlander spielt sie in der Verlandungszone eine große Rolle. Ziemlich ergiebige gute Streupflanze. Unter besonderen Verhältnissen, in Torflöchern, kulturwürdig, Vermehrung durch Setzlinge leicht.
Bildet lange, tief in der Erde kriechende, dicke, weißliche, unbewurzelte Ausläufer, Internodien mit hellbraunen, über die Knoten hinausgehenden Niederblättern.

Rinnenblätter mittelbreit, um 5 mm, bis 10 dm lang, weich, oberseits auffällig weißgrau, stumpf, mit kurzer Dreikantspitze. Blattscheide ausgesprochen dreikantig, rötlich nuanciert, besonders die äußeren Scheiden. Vordere Scheidenwand sehr dünnhäutig, sich netzig auflösend, Fasernetz leicht zerfallend. Blatthäutchen groß, eingekerbt, stumpfwinklig angesetzt.
Triebgrund dreikantig-rundlich, purpurn überlaufen.
Blüte Mai/Juni. He. 2—5 rostbraune, schlanke männliche Endährchen, 2—3 purpurbraune, zylindrische, voneinander entfernt sitzende weibliche Ährchen. Fruchtschläuche grün, ganz besonders kugelig aufgeblasen (inflata = aufgeblasen) und länger als die Deckspelzen, laubblattartige Tragblätter.

7. Siebente Gruppe: **Sauergräser mit oberseits glatten Knickrandblättern** (Die Blattspreiten sind auf den Knickrändern glatt).

Bei der Überprüfung sind die Blattränder nicht mit zu berühren, sonst fühlen sich fast alle Blätter rauh an. Die Blattspreiten sind namentlich zur Spitze hin zu untersuchen. Nach dem Grunde zu sind fast alle mehr oder weniger glatt. Alte abgestorbene Blätter täuschen oft Glätte vor, weil die Zähne abgebrochen sind.
Bei einigen nicht sehr rauhblättrigen Arten wie der Gelben Segge (*Carex flava*) und der Hirsensegge (*Carex panicea*) sind die Jugendblätter auf den Knickrändern glatt. Diese beiden Seggen werden deshalb nicht nur in der achten Gruppe abgehandelt, sondern auch hier in der siebenten Gruppe mit aufgeführt.

7. 1. **Horstsauergräser**

7. 1.1. Blattscheiden nicht rötlich nuanciert, weder rot überlaufen, noch rot- oder auch schwarzrotstrichig, auch nicht schwarzstrichig. Blattspreiten mit einer ausgeprägten Dreikantspitze.

7. 1.1.1. Kurzes Blatthäutchen, gerade angesetzt. Scheidenmündung dreikantig rund, Trieb bis nach oben rund.

Eriophorum latifolium HOPPE — Breitblättriges Wollgras

Naßwiesensauergras. Höhe bis 60 cm.
Stellenweise in zerstreuten Horsten oder auch gesellig auf nassen, armen, torfigen Wiesen, besonders gern an quelligen Stellen, typisch für Quellmoor. Von der Ebene bis in die Alpen verbreitet, bildet dichte rasenförmige Horste.

Oberseits glatte Knickrandblätter mittelbreit, um 5 mm und darüber, mittellang, bis zu 5 dm, dunkelgrün, mit ausgeprägter Dreikantspitze. Blattscheide rund. Vordere Scheidenwand häutig, sich netzfaserig auflösend. Blatthäutchen kurz, gerade angesetzt. Scheidenmündung dreikantig-rund. Triebgrund rund.
Blüte Mai/Juni. Vielköpfig, 5—12 nach der Blüte weißwollige Ährchen, an langen Stielen überhängend.

7. 1.1.2. Ausgeprägtes deutliches Blatthäutchen, schräg bis sehr schräg angesetzt. Scheidenmündung eiförmig. Trieb mehr dreikantig.

7. 1.1.2.1. Blattspreiten breiter, über 5 mm breit. Blattscheide dreischneidig mit ausgekehlten Seitenflächen.

Carex vulpina L. — Fuchssegge

Naßwiesensauergras. Höhe bis 90 cm.
Nicht selten, stellenweise zerstreut, aber auch gesellig und reichlich auf feuchtnassem Grünland, gern auf nährstoffreicherem oder schwach salzigem Boden, vom Tiefland bis in höhere Berglagen verbreitet.
Bildet dichte Horste, mit sehr vielen dicken, drahtigen, oft tiefgehenden Wurzeln, oft mit niederliegendem, kräftigem Wurzelstock.
Knickrandblätter breit, 5—8 mm, bis 10 dm lang, oft sehr flach, mehr gelbgrün, weich, glatt, glänzend, mit mehr oder weniger langer Dreikantspitze. Blattscheide dreischneidig, mit ausgekehlten Seitenflächen. Vordere Scheidenwand sehr dünnhäutig, oft etwas querwellig, leicht zerreißend, oberer Rand manchmal etwas nach unten gebogen, manchmal auch etwas nach oben gehend, fast wie ein Hautfortsatz. Blatthäutchen deutlich, spitzwinklig oder im Winkel von 90° angesetzt, ebenfalls sehr durchsichtig, dünnhäutig, Scheidenmündung eiförmig.
Triebgrund dreikantig-rundlich, mit bräunlichen oder braunlinierten kurzen Niederblättern, die sich später faserschopfig auflösen; bei älteren Exemplaren findet man also nur den dunklen Faserschopf.
Ohne sterilen Stengel.
Blüte Mai/Juni. Ho. Rostbraun-grüne, dichtblütige Ährchen, in Ährchenform angeordnet, am Grunde rispig aufgelockert, mit unscheinbarem Tragblatt, manchmal ist dieses auch laubblattartig entwickelt. Blütenstandsstengel mit ebenfalls ausgekehlten Seitenflächen.
Eine sehr variable Art.

7. 1.1.2.2. Blattspreiten schmäler, bis 5 mm breit. Blattscheiden nicht dreischneidig, Seitenflächen nicht ausgekehlt.

Carex flava L. — Gelbe Segge

Naßwiesensauergras. Kleinsegge. Höhe bis 50 cm.
Auf den Kleinseggenwiesen nasser armer Böden, geht aber auch auf gutfeuchte Wiesen über und auch auf Quellmoore. Von der Ebene bis in Gebirge verbreitet.
Gehört zu einer Sammelart mit vielen Abarten. Eine der häufigsten ist v. *lepidocarpa* Tausch und eine besonders zierliche, kleine Abart ist v. *oederi* Retz.
Bildet kleine, dichte, aufrechte Horste mit sehr vielen drahtigen Wurzeln.
Knickrandblätter mittelbreit, 3—4 (5) mm, bis 5 dm lang, gelbgrün, etwas lederig, glänzend mit kleiner Dreikantspitze, höchstens nur unterhalb der Spitze etwas rauh. Blattscheide dreikantig, aber nicht ausgekehlt wie bei *Carex vulpina*. Vordere Scheidenwand häutig, leicht zerreißend, etwas nach unten gebogen, mit fast ebenso gebogenem, im Winkel von 120° angesetztem Blatthäutchen.
Triebgrund rundlich. Ohne sterilen Stengel.

Blüte Juni/Juli. He. Ein bräunliches, schlankes männliches Endährchen und dicht darunter 2—4 grünliche, reif: rundlich-dicke, sitzende weibliche Ährchen, deren laubblattartiges Tragblatt meist typisch waagerecht absteht.

7. 1.2. Blattscheiden rötlich nuanciert, entweder rot überlaufen oder rotstrichig (eventuell auch nur schwarzstrichig).
Blattspreiten nicht mit einer so ausgeprägten Dreikantspitze.

7. 1.2.1. Blattscheiden rötlich überlaufen bzw. angehaucht, kaum rotstrichig.

7. 1.2.1.1. Blattscheiden rosarötlich angehaucht (rosabräunlich). Blattspreiten grasgrün.

Carex elongata L. — Langjährige Segge, Walzensegge

Naßwiesensauergras — Waldsauergras. Höhe bis 1 m.
Auf nassen Wiesen nicht selten, typisch für Erlenwaldsümpfe, auch an Waldbächen, überall verbreitet, vom Tiefland bis in höhere Berglagen.
Bildet bültige, große Horste, wächst oft stockwerkartig nach oben.

Knickrandblätter 5—10 mm breit, auch schmäler, bis 10 dm lang, grasgrün, schlaff, überhängend, oberseits typisch glatt, aber am Rande sehr rauh, mit längerer, dünner Dreikantspitze, aber nicht so ausgeprägt. Blattscheide dreikantig, hochgehend, rosarötlich angehaucht. Vordere Scheidenwand häutig, nicht netzfaserig. Blatthäutchen vorhanden, nicht sehr groß.
Triebgrund rosabräunlich, rundlich-stumpf-dreikantig, mit nicht zerfasernden Niederblättern.
Blüte Mai/Juni. Ho. 8—12 walzenförmige, bräunlich-grüne, vielblütige Ährchen in unterbrochener Anordnung an der Blütenstandsachse sitzend, ohne Tragblatt.

7. 1.2.1.2. Blattscheiden rot überlaufen. Blattspreiten bläulichgrün.

Carex atrata L. — Trauersegge, Geschwärzte Segge

Alpensauergras. Höhe 20—40 cm
Oft mit der Immergrünen Segge (*Carex sempervirens*) zusammen auf trockenerem Grünland der Alpen. Kalkanzeiger.
Horstig, dichte Rasen bildend.

Knickrandblätter mittelbreit bis breit, 5—7 mm, mittellang, bis zu 5 dm, bläulichgrün, oberseits glatt, nicht mit einer so ausgeprägten Dreikantspitze. Blattscheide dreikantig, rot überlaufen. Vordere Scheidenwand häutig, nicht netzfaserig, mit Blatthäutchen.
Triebgrund dreikantig, rot.
Blüte Juli. Ho. 3—5 große, schwarzviolett-grüne Ährchen, an längeren Stielen sitzend und hängend.

7. 1.2.2. Blattscheiden rot, eventuell auch schwarzstrichig

7. 1.2.2.1. Blattscheiden mit braun-violetten Streifen. Blattspreiten weißgraugrün.

Carex canescens L. (*C. curta* Good.) — Graue Segge

Naßwiesensauergras. Kleinsegge, Höhe bis 50 cm.
Bestandteil der Kleinseggenwiesen auf nassen, ärmeren Standorten, überall und sehr verbreitet, vom Tiefland bis in die Alpen.

Bildet rasenförmige aufrechte Horste mit stark ausgebildeter liegender Grundachse, die mit den faserförmigen Scheidenresten dicht besetzt ist. Triebe sehr dicht stehend.

Knickrandblätter mittelbreit, 2—4 mm, bis 5 dm lang, oberseits weißgraugrün, glatt, parallelrandig, in eine schmale Spitze auslaufend. Blattscheide dreikantig, sehr hochgehend, braun-violett-streifig, manchmal sehr zart braunrot liniert. Vordere Scheidenwand häutig, ziemlich hochgehend, fast gerade abgeschnitten. Blatthäutchen sehr deutlich, ausgesprochen weiß, hoch angesetzt, spitzwinklig.
Triebgrund rundlich, mit roten Linien und manchmal auch rot gefärbt.
Seitentriebbildung intravaginal, mit vegetativem Stengel, dessen Knoten sich zuweilen bewurzeln.
Blüte Mai/Juli. Ho. Mehrere weißlich-grüne, vielblütige Ährchen, die unteren unterbrochen inseriert, ohne deutliches Tragblatt.

7. 1.2.2.2. Blattscheiden mit schwarzroten oder schwarzen Strichen. Blattspreiten bläulichgrün (sehr grasähnlich, von warmer Farbe wie die guten Gräser).

Carex spicata Huds. (C. *contigua* Hoppe) — Dichtährige Segge, Stachelsegge
Beschreibung siehe in der vierten Gruppe, Seite 41, wo sie ebenfalls geführt wird.

7. 2. **Ausläufersauergräser**

7. 2.1. Blattspreiten breit bis sehr breit, mit auffälliger Dreikantspitze.

Scirpus sylvaticus L. — Waldsimse

Naßwiesensauergras (Waldsauergras). „Mittelsegge". Höhe bis 1 m.
Häufig auf feuchten, feuchtnassen, besonders auf wasserzügigen Wiesen, verträgt keine Staunässe. In Erlen- und Eschenbeständen. Von der Ebene bis in höhere Berglagen verbreitet.
Bildet lange, mitteldicke bis dicke unterirdische Ausläufer, Glieder lang, rosaweiß, ältere rötlichbraun, Niederblätter länger als die Internodien. Es können 10—15 Internodien gebildet werden, ehe sich die Endglieder etwas verkürzen, stauchen, und der Trieb sich nach oben wendet. Zugleich geht aus der Achsel einer Blattschuppe in der Winkelachse ein neuer Fortsetzungssproß aus. Dieser Vorgang kann 2—3—4mal im Laufe des Sommers vor sich gehen (Wehsarg 1928).
Mit feinen Saugwurzeln an Knoten und Gliedern, mit kräftigen, dicken Haftwurzeln am Trieb.

Knickrandblätter sehr breit, bis 15 mm, auch 20 mm und mehr, bis zu 6 dm lang (und länger), glänzend, grün, unterseits sehr regelmäßig liniert, mit auffälliger Dreikantspitze. Blattränder und unterer Kiel sehr rauh. Blattscheide dreikantig, weich, manchmal rosa angehaucht. Vordere Scheidenwand sehr dünnhäutig und leicht zerreißend, lappig zerfallend, ziemlich hochgehend, kaum ausgebogen. Blatthäutchen nicht stark ausgebildet, oft nur eine Spur, nicht sehr hochgehend, im Winkel von 90 bis 120° angesetzt.
Triebgrund rund, hellbraun.
Ohne sterilen Stengel.
Blüte Juni/Juli bis September. Große, sehr verzweigte Spirre mit schwärzlichgrünen Ährchen, zu 3—5 und mehr gehäuft.

7. 2.2. Blattspreiten schmäler, blaugraugrün, mit nicht so auffälliger, aber doch deutlicher Dreikantspitze.

Carex panicea L. — Hirsensegge

Naßwiesensauergras. Kleinsegge. Höhe bis 50 cm.

Zusammen mit der Braunen Segge (*Carex nigra*) sehr häufig bestandbildend im Kleinseggensumpf, aber auch weniger nassem Grünland, sogar auf gutes Grünland übergehend. Allgemein und häufig verbreitet, vom Tiefland bis in die Alpen.
Bildet viele helle, im Frühjahr schneeweiße, mehr oder weniger 2 mm dicke Ausläufer, die nur vereinzelt an den Knoten Würzelchen haben, während die Hauptmasse der feinen, hellen Wurzeln an den einzelnen oder büschelartig sitzenden Trieben gebildet werden. Ausläufer mit hellbraunen, leicht zerfasernden Niederblättern.

Knickrandblätter mittelbreit, 3—5 mm und 3—5 dm lang, typisch blaugraugrün, flach, mit kleiner, aber deutlich abgesetzter Dreikantspitze, höchstens etwas unterhalb der Spitze rauh, deshalb auch in der achten Gruppe geführt, in der Jugend aber glatt und weich wie „Glacehandschuhe", unterseits auffällig dunkler liniert. Blattscheide dreikantig, hell, später hellbräunlich. Vordere Scheidenwand dünnweißhäutig, sehr leicht zerreißend und lappig zerfallend, oberer Rand hochgehend. Blatthäutchen im Winkel von 120—180° angesetzt. Hintere Scheidenwände grün liniert, besonders die äußeren Scheidenblätter, und manchmal auffällig gegittert.
Triebgrund rundlich.
Ohne sterilen Stengel.
Blüte April/Juni. He. Ein schlankes, purpurbraunes männliches Endährchen und in größerem Abstand darunter meist zwei gestielte, aufrechte, locker- und wenigblütige, braun-grüne weibliche Ährchen in der Achsel eines laubblattartigen Tragblattes, Schläuche auffällig groß und kugelig, grün.

In diese Gruppe gehört auch das Alpensauergras, die Polstersegge (*Carex firma*). Sie ist durch die kurzen, unter 1 dm langen, starren, rosettig angeordneten glatten Knickrandblätter mit stumpfer Spitze ohne weiteres charakterisiert.

Carex firma (MYGIND) HOST. — Polstersegge

Alpensauergras. Kleinsegge. Höhe 5—20 cm.
Sehr häufig in den Alpen weite Bestände auf windgefegten, trockenen Kalkhängen bildend, ersetzt hier vorwiegend die Krummsegge (*Carex curvula*), die in ebensolchen Beständen mehr auf Urgestein vorkommt. Landwirtschaftlich nicht einmal als ärmste Hutung zu gebrauchen. Aber Pionier der Vegetation, Humusbildner.
Horstig in erstaunlich dichten, halbkugeligen Polstern.

Knickrandblätter 2—4 mm breit, sehr kurz, unter 1 dm lang, dunkelgrün, glatt, glänzend, lederig, starr, mit stumpfer Spitze, rosettig angeordnet, dadurch sehr auffällig. Blattscheide dreikantig-rundlich, braun-schwarzbraun. Vordere Scheidenwand häutig, Blatthäutchen kurz.
Triebgrund rund, braun, mit Strohtunica.
Blüte Juni/August. He. Ein bräunliches männliches Endährchen, zwei rostbraun-grüne weibliche Ährchen, mehr oder weniger entfernt.

8. Achte Gruppe: **Sauergräser mit oberseits rauhen Knickrandblättern** (Die Blattspreiten sind auch auf den Knickrändern rauh).

8. 1. **Horstsauergräser**

8. 1.1. Blattscheiden ohne jede rötliche Nuancierung

8. 1.1.1. Bauchscheidenwand zerfällt unter Hinterlassung eines Gefäßbündelfasernetzes (hintere Scheidenwände typisch hellbraun)

Carex elata ALL. (*C. reticulosa* aut., *C. stricta* GOOD., *C. hudsonii* BENNET) — Steife Segge

Naßwiesensauergras. Hohe Bültsegge. Höhe bis über 1 m.

Auf nassen, nässestauenden Wiesen oft bestandbildend, als Verlandungspflanze ebenfalls sehr verbreitet in Wasserlöchern und Tümpeln an langsam fließenden, wenig bewegten Gewässern. Mit seinen Bülten oft lange Zeit in Wasser stehend. Überall vorkommend, vom Tiefland bis in die Alpen.
Sehr ergiebige Streupflanze von guter Qualität, weder durch Setzlinge noch durch Samen künstlich vermehrbar.
Bildet hohe, sehr dichte, säulenartige Polsterhorste, einzigartig — wie hohe Maulwurfshügel ragen sie aus den sumpfigen Flächen empor — durch lange, 2—3 mm dicke Speicherwurzeln fest im Boden verankert, mit sehr reichem, dichtem Wurzelfilz. Im Alter stockwerkartig aufgebaut.
Ihre Bülte sind von so einprägsamem Habitus, daß diese Segge allein dadurch gekennzeichnet sein könnte. Indem alle neuen Sprosse nahezu parallel aufwärts wachsen, entsteht allmählich diese säulenartige Form (A. KERNER VON MARILAUN 1891).
Die Beseitigung der Bülten nach der Entwässerung ist sehr schwierig.

Ausgesprochene Knickrandblätter 5—10 mm breit, über 10 dm lang, graugrün, im Frühjahr steif aufrecht, sehr rauh, Blattränder und Kiel ebenfalls sehr scharf gezähnelt, mit allmählicher, dünner, dreikantiger Spitze. Blattscheide scharf dreikantig. Vordere Scheidenwand häutig, netzig zerfasernd, oberer Rand tief ausgerandet. Hintere Scheidenwände typisch eichelbraun, glänzend, Blatthäutchen ziemlich breit, spitzwinklig angesetzt, Scheidenmündung eiförmig.
Triebgrund dreikantig, mit eichelbraunen, glänzenden Niederblättern. Ohne sterilen Stengel.
Blüte April/Mai. He. Meistens 1—2 schwarzbraune, schmale männliche Endährchen, 2—3 sitzende, steif aufrechte, schwarz-braun-grüne weibliche Ährchen, Tragblatt laubblattartig.

8. 1.1.2. Bauchscheidenwand zerfällt, ohne ein Gefäßbündelfasernetz zu hinterlassen.

8. 1.1.2.1. Blattspreiten mit ausgeprägter Dreikantspitze.

8. 1.1.2.1.1. Blattspreiten breit bis sehr breit, ebenso wie die Blattscheiden sehr stark gegittert. Blatthäutchen sehr schräg angesetzt (vordere Scheidenwand frühzeitig zerfallend, manchmal schwach netzig, manchmal sind die Blattscheiden etwas rötlich angelaufen, deshalb siehe auch dort Seite 59)

Carex pseudocyperus L. — Scheinzypersegge

Naßwiesensauergras. Hochsegge. Höhe bis 1 m.
Auf nassen Flächen gern mit *Carex elata* zusammen, nicht allzu häufig, besonders auch am Rande verlandender Gewässer. Von der Ebene bis in Gebirgslagen vorkommend.
Bildet größere dichte Horste mit sehr dichtem Wurzelwerk und auch sehr kräftigen Wurzeln.

Ausgesprochene Knickrandblätter, breit bis sehr breit, 5—15 (20) mm breit, sehr lang, 10—20 dm lang, gelbgrün, glänzend, stark gegittert, oberseits sehr rauh, manchmal nur eben unterhalb der Spitze, an den Rändern und unterem Kiel ebenfalls sehr rauh, in eine kurze, aber ausgeprägte Dreikantspitze übergehend, ebenso wie die Blattscheide stark gegittert. Blattscheide ausgesprochen dreikantig, manchmal etwas rötlich angelaufen (deshalb siehe auch dort, Seite 59). Vordere Scheidenwand sehr dünnhäutig, leicht und frühzeitig zerreißend, zerfällt lappig, sehr selten ganz schwach netzig, oberer Rand tief oval ausgebuchtet. Blatthäutchen sehr hoch spitzwinklig angesetzt, sonst nicht sehr groß, oft nur ein schmaler Saum. Scheidenmündung länglich-eiförmig.
Triebgrund dreikantig, hellbraun.
Ohne sterilen Stengel.

Blüte Mai/Juni, zuweilen auch im August. He. Ein schlankes, hellbräunliches männliches Endährchen und 3—6 hellgrüne, walzenförmige, dichtblütige, längere weibliche Ährchen, an langen Stielen hängend. Tragblätter wie lange Laubblätter.

8. 1.1.2.1.2. Blattspreiten schmäler, mittelbreit, bis 5 mm (über 5 mm nur bei einigen sehr breitblättrigen Abarten). Blattspreiten und Blattscheiden kaum gegittert. Blatthäutchen weniger schräg angesetzt (Blattspreiten sind nur gegen die Spitze zu auf den Knickrändern rauh, Jugendblätter sind oft ganz glatt, deshalb siehe auch dort).

Carex flava L. — Gelbe Segge

(auch in der siebenten Gruppe geführt, Beschreibung Seite 52).

8. 1.1.2.2. Blattspreiten ohne Dreikantspitze.

Carex sylvatica Huds. — Waldsegge

Waldsauergras. Mittelsegge. Höhe bis 70 cm.
Auf frischen bis feuchten, kräftigen Waldböden bester Humuszersetzung, mehr einzeln oder in lockeren Gruppen wachsend, in Laubwäldern, besonders in Buchenwäldern. Gilt in Schleswig-Holstein als Buchenbegleiter. Greift oft auf buschige Wiesen über, gern an Wald- und Wiesenwegen. Überall und häufig vorkommend, vom Tiefland bis in die Berglagen.
Lockerhorstig mit niederliegender, sich „verzweigender" Grundachse.

Knickrandblätter mittelbreit bis breit, über 5 mm, bis über 5 dm lang, grün, etwas glänzend, meistens nur zur Spitze zu oberseits sehr rauh. Blattspitzen überhängend, ohne Dreikantspitze. Blattscheide ausgesprochen dreikantig, weich, nicht rötlich. Äußere Schuppenblätter hellbräunlich. Innere Scheide weißlich. Vordere Scheidenwand dünn-weißhäutig, zerfällt lappig, oberer Rand immer sichelmondförmig ausgebuchtet. Blatthäutchen weiß, schmal, nicht sehr hochgehend, fast rechtwinklig angesetzt, 90—120°.
Triebgrund dreikantig, hellbräunlich.
Ohne sterilen Stengel.
Blüte Mai/Juni. He. 1—2 schlanke, weiß-grüne männliche Endährchen, 2—6 schlanke, grüne, langgestielte und in der Reife bogenförmig überhängende, weibliche Ährchen, mit laubblattartigem Tragblatt.

Der *Carex sylvatica* zum Verwechseln ähnlich ist die *Carex pallescens*, wenn die Behaarung bei dieser übersehen wird, was im fortgeschritteneren Wachstumsstadium leicht geschieht.
Bei *Carex pallescens* ist aber die vordere Scheidenwand sehr viel tiefer und spitzer eingebuchtet, wie dort schon näher ausgeführt worden ist (S. 35).

8. 1.2. Blattscheiden mit rötlicher Nuancierung.

8. 1.2.1. Bauchscheidenwand zerfällt unter Hinterlassung eines Gefäßbündelfasernetzes.

8. 1.2.1.1. Blattspreiten um 2 mm breit, nach dem Grunde zu sich nicht verjüngend, mit kleiner, spitzer Dreikantspitze. Scheide rot. Triebgrund faserschopfig, Grundachse aus kräftigen, fast knolligen Kurztrieben (Blätter behaart).

Carex montana L. — Bergsegge

Beschreibung siehe Seite 36.

8. 1.2.1.2. Blattspreiten 2—5 mm breit, nach dem Grunde zu sich nicht verjüngend, ohne jede Dreikantspitze, auffällig hellgelbgrün, freudig-grün. Scheiden schwarzrot, ohne Faserschopf.

Carex cespitosa L. — Rasensegge

Naßwiesensauergras. Höhe bis 45 cm und auch höher.
Auf nassen Wiesen. Nicht sehr häufig, aber gesellig, mehr im nördlichen Flachland als in den Mittelgebirgslagen.
Bildet ausgebreitete, sehr dichte rasenförmige Horste, die hexenringig aufgelockert sind und von weitem an der freudiggelbgrünen Farbe zu erkennen sind.

Knickrandblätter schmal-mittelbreit, 2—5 mm, bis reichlich 5 dm lang, hellgrün, freudig-grün, ohne Dreikantspitze, sich nicht nach dem Grunde zu verschmälernd, oberseits fein rauh. Blattscheide schwarzrot glänzend. Vordere Scheidenwand häutig, mit feinem Fasernetz. Blatthäutchen groß, spitz angesetzt (unverkennbar), fast mit Hautkragen.
Triebgrund schwarzpurpurrot, ohne Faserschopf.
Blüte April/Mai. He. 1—2 dunkelpurpurn-rötliche, keulenförmige männliche Endährchen, meist 2 schwarz-rotbraune weibliche Ährchen.

8. 1.2.1.3. Blattspreiten etwas breiter, 3—5 mm, nach dem Grund zu sich verjüngend, mit stumpfer Dreikantspitze, dunkelgrün (junge Blätter allerdings hellgrün, aber nie hellgelbgrün).

8. 1.2.1.3.1. Blattspreiten bis höchstens 2 dm lang.

Carex ornithopoda Willd. — Vogelfußsegge

Waldsauergras. (Trockenrasensauergras). Höhe etwa 20 cm.
In trockeneren Laub- und Nadelwäldern auf Kalkböden, mehr einzeln als gesellig, auch an Kalkhängen außerhalb des Waldes, dort eventuell bestandbildend. Ebenso wie *C. digitata* im nördlichen Flachland selten, in Mittel- und Süddeutschland dagegen verbreitet.
Bildet kleine Horste, mit Fasern umgeben, die sich länger erhalten. Sie gehört zu den Ausnahmen, deren Achse nicht sympodial, sondern monopidal aufgebaut ist. Vegetativer wie generativer Trieb sind seitenständig. Mit vielen langen, dünnen Wurzeln und Nebenwurzeln, die reich mit Wurzelhaaren besetzt sind.

Flache Knickrandblätter mittelbreit, 3—5 mm, kurz, 1—2 dm lang, rauh, sich nach dem Gurnde zu verjüngend, mit stumpfer Dreikantspitze, junge Blätter hellgrün, aber nie hellgelbgrün, alte Blätter dunkelgrün, überwinternd. Blattscheide dreikantig, äußere Scheiden blutrot gefleckt, innere oft rot liniert. Vordere Scheidenwand häutig, längsfaserig, Fasern rot, oberer Rand dreieckig eingebuchtet und nicht rund, typisch rot gefärbt. Blatthäutchen klein, so hoch wie breit. Scheidenmündung herzförmig.
Triebgrund rundlich, rotviolett.
Blüte April/Mai. He. Ein unscheinbares, hellbräunliches männliches Endährchen, mehrere braungrüne weibliche Ährchen, vogelfußartig genähert, fast an einem Punkt entspringend.

Carex digitata L. — Fingersegge

Waldsauergras. Höhe bis 30 cm. Kleinsegge.

In frischen Laubwäldern auf kalkhaltigen Lehmböden mehr einzeln als gesellig, Ameisenpflanze.
Bildet dichte, niedrige Horste mit ausgesprochen intravaginaler Seitentriebbildung und faserigen Wurzeln.

Knickrandblätter mittelbreit, 3—5 mm, mittellang, über 2 dm, flach, zum Grunde zu sich verjüngend, mit stumpfer Dreikantspitze, grün, die überwinternden Blätter dunkelgrün, rauh, derb, Blattscheide dreikantig-rundlich, blutrot. Vordere Scheidenwand sehr häutig, sehr leicht zerreißend, nur schwach längsfaserig und etwas netzig. Blatthäutchen schmal, unregelmäßig, fast im Winkel von 180° angesetzt.
Triebgrund rund, blutrot.
Blüte März/April, vor dem Laubausbruch. He. Schmales, unscheinbares, rotbraunes männliches Endährchen, 2—4 schlanke, rotbraun-grüne, lockerblütige, entfernt voneinander stehende, gestielte, weibliche Ährchen, deren oberstes Ährchen das männliche fast überragt, das dadurch leicht übersehen wird.

8. 1.2.2. Bauchscheidenwand zerfällt, ohne ein Fasernetz zu hinterlassen.

8. 1.2.2.1. Blattspreiten sehr breit, über 10 mm, bis 20 mm (und mehr).

Carex pendula Huds. (*C. maxima* Scop.) — Pendelsegge, Riesensegge

Waldsauergras. Hochsegge. Höhe über 1 m bis 1,50 m.
Auf feuchten, schweren, lehmig-tonigen Waldböden, an wasserzügigen Stellen, meidet Böden mit stagnierendem Wasser; vor allem in Süddeutschland vorkommend, im Tiefland seltener.
Bildet große stattliche, dichtrasige Horste.

Ausgesprochene Knickrandblätter, sehr breit, 10—20 mm und mehr, sehr lang, über 10 dm lang, oberseits grün, glänzend, unterseits blaugrün, kurze Blattspitze, rauh, an den Blatträndern und dem unteren Kiel sehr rauh, unterseits sehr scharfkielig.
Gehört zu den Seggen mit den breitesten Blättern!
Blattscheide scharf dreikantig, rot, vordere Scheidenwand weißhäutig, lappig zerfallend (manchmal am oberen Rand etwas netzig), oberer Rand tief oval eingebogen. Blatthäutchen sehr hoch angesetzt, fast im spitzen Winkel, aber nur einen schmalen Saum bildend.
Triebgrund dreikantig, zuerst mit Niederblättern, rot bis dunkelrotbraun.
Ohne sterilen Stengel.
Blüte Mai/Juni. He. Ein großes, bräunliches männliches Endährchen, 4—7 gestielte, lange, schmale, getrennt voneinander hängende rotbraun-grüne weibliche Ährchen, die untersten mit langem laubblattartigen Tragblatt.

Hierher gehört auch die Scheinzypersegge (*Carex pseudocyperus*), wenn die Scheiden rot überlaufen sind; leicht zu erkennen an den vielen Querverbindungen in Spreite und Scheide; nähere Beschreibung siehe Seite 56.

8. 1.2.2.2. Blattspreiten unter 10 mm, meist nur 2—5 mm breit.

8. 1.2.2.2.1. Blattscheiden rotstreifig. Blätter grün, nicht zurückgekrümmt, kaum starr.

Carex pilulifera L. — Pillensegge

Waldsauergras. Kleinsegge. Höhe bis 40 cm.
In nicht ganz geringen Kiefern-, Fichten- und auch Laubwaldungen auf Sandboden, im Flachland wie in den Mittelgebirgslagen, oft zusammen mit Heide. Die Segge des Paulinenauer Mischwaldes. Eine häufige, in ganz Mitteleuropa verbreitete Segge. Bildet

dichtrasige, kleinere, oft stockwerkartig aufgebaute, faserschopfige Horste. Triebe nicht einzeln, sondern in faserschopfigen Büscheln.

Knickrandblätter schmal bis mittelbreit, 2—3 (5) mm, über 3 dm lang, grasgrün bis dunkelgrün, wintergrün, flach, mit einer kurzen Dreikantspitze, typisch auf der ganzen Blattoberseite rauh. Blattscheide dreikantig, länger. Vordere Scheidenwand häutig, sehr hoch hinaufgehend, kaum eingebuchtet, zerfällt nicht netzfaserig, sondern höchstens lösen sich die Adern etwas längsartig auf. Hintere Scheidenwände rotstreifig oder rotliniert. Blatthäutchen kurz, aber deutlich, rundbogig angesetzt, oft im Winkel von 120° bis fast 180°, Scheidenmündung kreisrund.
Triebgrund rundlich, dann dreikantig werdend, junge Triebe kaum oder gar nicht faserschopfig, ältere Triebe aber stark faserschopfig.
Ohne sterilen Stengel.
Blüte April/Juni. He. Ein kleines, feines, keulenförmiges, bräunliches männliches Endährchen, 3—4 kugelige, sitzende, braun-grüne weibliche Ährchen, Tragblatt meistens unauffällig, das unterste etwas laubblattartig.

Zu den Rot- bzw. Lilastreifigen gehört auch die Schattensegge (*Carex umbrosa*), die wir in der sechsten Gruppe (S. 49) untergebracht haben, weil die Jugendblätter einfachrinnig und nicht klapprandig wie die Altersblätter sind. Sie ist leicht an den schmalen, meist nur 2—3 mm breiten, sehr langen Blättern zu erkennen.

8. 1.2.2.2.2. Blattscheiden nicht rotstreifig, sondern rotbraun überlaufen. Blätter dunkelgrün stumpf, zurückgekrümmt und starr, lederig.

Carex ericetorum POLL. — Heidesegge

Waldsauergras (Trockenrasensauergras). Höhe 30 cm.
In geringeren Kiefernwäldern als *Carex pilulifera* und auch außerhalb des Waldes auf trockenerem, armem Sandboden vorkommend, typisch in Heidegegenden. Ziemlich verbreitet, vom Tiefland bis in die Alpen, im nördlichen Flachland aber häufiger.
Bildet kleinere und größere, sehr dichte Horste aus faserschopfigen Kurztrieben, mit feinen und stark verzweigten Würzelchen.

Knickrandblätter mittelbreit, 2—5 mm, mittellang, bis 5 dm, ausgesprochen dunkelgrün, derb lederig, typisch starre zurückgekrümmte Blatthaltung, Blattoberseite wie von kleinen Warzen rauh, das ganze Blatt sehr rauh, unterseits etwas rötlich liniert, mit ganz kleiner Dreikantspitze, an der Stengelbasis gehäuft. Blattscheide dreikantig-abgerundet, rotbraun überlaufen oder mit rötlichen Flecken. Vordere Scheidenwand derbhäutig, hell, hochgehend, nicht netzfaserig. Blatthäutchen ein sehr schmaler Saum, fast im Winkel von 180° angesetzt. Manchmal etwas hautkragig. Scheidenmündung rund.
Triebgrund rund, rotbraun, faserschopfig.
Blüte März/Mai. He. Ein größeres, bräunliches männliches Endährchen, meist 2 kleinere, dunkelviolette, farbloshautrandige dichtblütige weibliche Ährchen, ohne Tragblatt, var. *nigra* HÜLSEN mit schwarzen Deckspelzen.

8. 2. **Ausläufersauergräser**

8. 2.1. Blattscheiden ohne rötliche Nuancierung.

8. 2.1.1. Blattspreiten blaugrün oder blaugraugrün.

8. 2.1.1.1. Blattspreiten typisch blaugraugrün mit Dreikantspitze. Scheiden und Ausläufer hell. Blätter nicht starr.

Carex panicea L. — Hirsensegge

Auch in der siebenten Gruppe geführt, siehe Beschreibung dort, Seite 54.

8. 2.1.1.2. **Blattspreiten blaugrün ohne Dreikantspitze. Scheiden und Ausläufer mehr braun, Blätter starr zurückgekrümmt.**

Carex bigelowii TORREY ex SCHWEINITZ (*C. rigida* GOOD.) — Starre Segge

Alpensauergras. Höhe 10—25 cm.
Auf sumpfigem Grünland der Mittelgebirge (Brockengipfel) und der Alpen, aber kalkarmer Böden; selten.
Bildet kurze unterirdische, mehr braune Ausläufer.

Knickrandblätter mittelbreit, 3—5 mm, mittellang, einige dm, blaugrün, unterseits liniert, oberseits sehr rauh, starr, zurückgekrümmt, vom Grund an allmählich zugespitzt, ohne Dreikantspitze. Blattscheide dreikantig, bräunlich. Vordere Scheidenwand häutig, nicht netzfaserig, mit schönem Blatthäutchen.
Triebgrund rund, mit glänzenden, braunen Niederblättern.
Blüte Juni/August. He. Ein bräunliches männliches Endährchen, 2—3 entfernt voneinander stehende, schwarz-grüne, dichtblütige weibliche Ährchen. Unterste Tragblätter laubblattartig.
Carex bigelowii ist eine circumpolar verbreitete polymorphe Art, die einer gründlichen systematischen Bearbeitung bedarf (SCHULTZE-MOTEL, HEGI 1966).

8. 2.1.2. **Blattspreiten nicht blaugraugrün oder blaugrün, sondern grün.**

8. 2.1.2.1. **Blattspreiten sehr breit, über 10 mm und ebenso wie die Scheiden stark gegittert.**

Carex riparia CURT. — Ufersegge

Naßwiesensauergras. Großsegge. Höhe bis 2 m.
In den Ansprüchen und im Wert ähnlich wie *Carex acutiformis*, bleibt aber im Nassen und ist nicht so verbreitet wie diese. Findet sich oft in dichten Beständen an Wassergräben und tritt in der Verlandungszone auf. Vor allem im Tiefland vorkommend.
Bildet lange, sehr dicke, weißliche unterirdische Ausläufer, deren Glieder mit sehr langen hellbräunlichen Niederblättern besetzt sind. Hauptwurzelmasse am Trieb, aber auch einzelne Wurzeln und Wurzelbüschel an den Ausläufern, sowohl an den Nodien als auch Internodien, Ausläufer oft zu mehreren vom Trieb ausgehend.

Ausgesprochene Knickrandblätter, sehr breit, 10—25 mm, sehr lang, bis 20 dm, oberseits grün, unterseits zuweilen etwas bläulich, ohne oder kaum mit Dreikantspitze, sehr rauh, fast die ganze Blattspreite ebenso wie die Blattscheide oft so stark gegittert wie wohl keine zweite Segge sonst. Blattscheide dreikantig, äußerlich bräunlich, innen weißlich. Vordere Scheidenwand dünnhäutig, sehr leicht zerreißend, im allgemeinen lappig zerfallend, zuweilen schwach netzfaserig, oberer Rand etwas bogig ausgerandet. Blatthäutchen schmal, weiß, meist nicht sehr hochgehend und meist rundbogig, im Winkel von 90 bis 120° angesetzt.
Triebgrund rundlich-dreikantig, nur die äußeren Blätter bräunlich, innen weiß. Ohne sterilen Stengel.
Blüte Mai/Juni. He. 3—5 dunkelpurpurbraune, gedrängt zusammenstehende männliche Endährchen, 3—4 hellpurpurbraun-grüne, kurz gestielte, sitzende weibliche Ährchen mit laubblattartigem Tragblatt. Alle Deckblätter auffällig grannenspitzig.

Eine stattliche, aufrechte Segge, wohl die größte und stärkste unserer *Carex*-Arten, aber nicht so häufig wie die anderen Großseggen.

8. 2.1.2.2. Blattspreiten mittelbreit oder breit, nicht so stark gegittert.

8. 2.1.2.2.1. Blattspreiten ohne Dreikantspitze.

8. 2.1.2.2.1.1. Blattspreiten meist mittelbreit, 2—5 mm breit, dunkelgraugrün, stumpf, parallelrandig und plötzlich in eine Spitze verschmälert.

Carex nigra (L.) REICHARD (*C. fusca aut.*, *C. vulgaris* FRIES., *C. goodenoughii* GAY, *C. stolonifera* HOPPE) — Wiesensegge, Braune Segge

Naßwiesensauergras. Kleinsegge. Höhe bis über 50 cm.
Sehr häufig auf nassen ärmeren Wiesen, Hauptbestandsbildner der Kleinseggensumpfwiesen, sowohl im Flachland wie in den Gebirgslagen verbreitet.
Bildet infolge der dünnen bis mitteldicken, langen und festen unterirdischen Ausläufer einen sehr zähen, lockeren Rasen. Internodien mit sehr langen, zerfasernden, bräunlichen Niederblättern, zur Hauptsache Triebwurzeln, vereinzelt auch mit Gliederwurzeln.

Knickrandblätter 2—5 mm breit, mittellang bis lang, bis 10 dm, dunkelgraugrün, oberseits stumpf, rauh, ausgesprochen parallelrandig und mehr oder weniger plötzlich in eine Spitze verschmälert, aber ohne Dreikantspitze (Blätter also nicht wie bei der leicht zu verwechselnden *Carex acuta* allmählich von der Mitte des Blattes in eine Spitze verschmälert), Haltung nicht schlaff, sondern mehr steif aufrecht, zur Spitze überhängend, beim Trocknen sich einwärts rollend, im Gegensatz zu *Carex acuta*. Blattscheide dreikantig, nicht rötlich nuanciert. Vordere Scheidenwand dünn-weißhäutig, hochgehend, oberer Rand immer etwas bogig ausgerundet, mit dem gut ausgebildetem weißen Blatthäutchen oft hautkragig verbunden. Blatthäutchen nicht hochgehend, im Winkel von 90 bis 120° angesetzt, manchmal auch spitzwinklig.
Triebgrund rundlich-dreikantig, mit bräunlichen, glänzenden Niederblättern.
Ohne sterilen Stengel, wenn auch hohe Scheide.
Blüte April/Juni. He. Meist ein dunkelpurpurn-helles, schmales männliches Endährchen, 2—3 sitzende, schwarz-grüne weibliche Ährchen mit kleinem laubblattartigen Tragblatt.

8. 2.1.2.2.1.2. Blattspreiten meist breit, 5—10 mm breit, grün, etwas glänzend, ganz allmählich vom Grunde an in eine lange Spitze verschmälert. Oberer Rand der Bauchscheidenwand typisch schief und braunrandig.

Carex gracilis CURT. (*C. acuta* L.) — Schlanksegge, Spitzsegge

Naßwiesensauergras. Höhe bis 1,50 m. Hochsegge.
Die häufigste Großsegge; auf nassen, nicht zu nährstoffarmen Wiesen mit nicht gerade stagnierendem Grundwasser finden sich sehr häufig ausgedehnte, eintönige Bestände; neben der Sumpfsegge (*Carex acutiformis*) das beste und ergiebigste Streusauergras, aus Setzlingen leicht zu kultivieren. Bestes Streusauergras auch für bewässerbare Streuwiesen, dann Höchsterträge. In solchen Fällen wurden die Streuwiesen oft höher bewertet als beste Futterwiesen. Vom Tiefland bis in die Bergregion verbreitet.
Bildet lockerrasige Bestände mit liegender Grundachse und vielen langen, dicken unterirdischen Ausläufern, deren Glieder mit sehr langen, dunklen Niederblättern, länger als die Internodien, besetzt sind. Glieder und Knoten nur vereinzelt bewurzelt, Hauptwurzelmasse am Trieb, sehr viele drahtige, dicke und dünne, stark verfilzte Wurzeln.

Ausgesprochene Knickrandblätter 5—10 mm breit, sehr lang, bis 20 dm, grün, meistens graugrün, oberseits etwas glänzend, auf der ganzen Blattoberseite sehr rauh, ebenfalls die Blattränder stark gezähnelt, ohne Dreikantspitze, auch nicht plötzlich in eine Spitze verschmälert wie bei *Carex nigra*, sondern allmählich sich zuspitzend, Blätter nicht aufrecht, sondern mehr schlaff, der ganze Bestand

liegt mehr oder weniger im älteren Zustand. Die Blattspreiten im trockenen Zustand sich am Rande zurückrollend und nicht einwärts wie bei *Carex nigra.* Blattscheide scharf dreikantig, sehr hochgehend. Vordere Scheidenwand weißhäutig, nicht netzfaserig, sondern lappig zerfallend, oberer Rand typisch schief und bräunlich, auch das Blatthäutchen bräunlich gefärbt. Blatthäutchen nicht hochgehend, sehr stumpfwinklig, fast im Winkel von 180° und meistens unregelmäßig.
Triebgrund rundlich-knollig, hell- oder dunkelbraun.
Ohne sterilen Stengel, wenn auch sehr hohe Scheide.
Blüte April/Mai. He. Meistens 2—5 rötlichbraune, schlanke männliche Endährchen, 3—5 entfernt voneinander sitzende, schwärzlich-grüne, gestielte, weibliche Ährchen, meistens überhängend, mit laubblattartigem Tragblatt.

8. 2.1.2.2.2. Blattspreiten mit Dreikantspitze, Ausläufer kurz, flach, bogig aufsteigend, mit sehr langen zerfasernden Niederblättern an den Knoten.

Carex caryophyllea LATOUR. (*C. verna* CHAIX, *C. praecox* JACQ.) — Frühlingssegge

Trockenrasensauergras. Kleinsegge, Höhe bis 20 cm, selten bis 30 cm.
Häufig bestandbildend auf trockenen, armen Böden, Begleiter der Trockenrasengesellschaft von *Bromus erectus*, in dichten Beständen auf Pontischen Hügeln, auch in trockenen, lichten Kiefernwäldern, bis in die höheren Gebirgslagen steigend, allgemein verbreitet.
Lockerrasig, mit kurzen, flach-streichenden, bogig aufsteigenden unterirdischen Ausläufern. Die sehr dünnen Ausläufer sind an den Knoten mit längeren, braunen, zerfasernden Niederblättern besetzt. Nur Triebwurzeln, weder Knoten- noch Gliederwurzeln.

Flache Knickrandblätter 2—5 mm breit, 2—5 dm lang und darüber, dunkelgrün, mit deutlicher kleiner Dreikantspitze, Blattoberseite überall rauh, mit warzigen Erhebungen, die man eventuell als Haare deuten könnte (Lupe!). Blattscheide rundlich; ebenso wie die Ausläufer am Triebgrund etwas bogig aufsteigend, mit bräunlichen zerfasernden Blättern umgeben. Vordere Scheidenwand häutig, lappig zerfallend, oft hellbräunlich gefärbt, besonders der obere Rand, oberer Rand sehr regelmäßig rund ausgebogen. Kleines Blatthäutchen, unregelmäßig, im Winkel von 120° und mehr. Blattscheidenmündung rund.
Triebgrund rund, nelkenbräunlich, mit zerfasernden schwärzlich-bräunlichen Niederblättern umgeben, die fast einen kleinen Faserschopf bilden.
Blüte März/Mai. He. Ein keulenförmiges, hellbraunes männliches Endährchen, kurz darunter 1—3 sitzende weibliche Ährchen, im reifen Zustand nelkenbräunlich-grün; das unterste Ährchen in der Achsel eines oft laubblattartigen Tragblattes, mit trockenhäutiger Scheide oder trockenhäutigen Ährchen.

8. 2.2. Blattscheiden mit rötlicher Nuancierung.

8. 2.2.1. Vordere Scheidenwand zerfällt unter Hinterlassung eines Gefäßbündelfasernetzes.

8. 2.2.1.1. Blattspreiten schmal ± 2 mm breit.

Carex supina WAHLENB. — Steppensegge, Niedrige Segge

Trockenrasensauergras. Kleinsegge, Höhe 10—40 cm.
Diese xerophil gebaute Segge gehört zu den charakteristischen pannonisch-pontischen Steppenpflanzen, dominierender Bestandteil der Federgrasflurformation, auf sonnigen Hügeln stellenweise sehr gesellig, auch in trockenen Kiefernwäldern. Meistens nur im Tiefland vorkommend.
Lockerrasig mit kürzeren, bogig aufsteigenden, unterirdischen Kriechtrieben; die Inter-

nodien mit roten Niederblättern, die 2—3mal so lang wie diese sind; Bewurzelung am Trieb und auch an den Knoten.

Knickrandblätter erst rinnig, dann knickrandig, schmal bis sehr schmal, 1—2 (5) mm breit, kurz, bis 2 dm lang, grün, ohne Dreikantspitze, oberseits sehr rauh, aufrecht. Blattscheide schmal, dreikantig, rot oder rot liniert. Vordere Scheidenwand häutig, netzfaserig, oberer Rand oft bräunlich, sehr hochgehend, fast hautkragig. Blatthäutchen unregelmäßig angesetzt.
Triebgrund rund, rot.
Ohne sterilen Stengel.
Blüte April/Mai He. Blütenstandsstengel seitenständig, länger als die Laubblätter, ein schlankes, längeres, rotbraun-grünes männliches Endährchen, dicht darunter 1—3 kurze, wenigblütige, rotbraun-grüne weibliche Ährchen.

8. 2.2.1.2. Blattspreiten schmal bis mittelbreit, blaugraugrün (unterseits fein behaart).

Carex tomentosa L. — Filzsegge

Hier nur mit aufgeführt, wenn die Behaarung übersehen wird; siehe also Beschreibung in der dritten Gruppe, Seite 37, wohin sie eigentlich gehört.

8. 2.2.1.3. Blattspreiten breiter, breit bis sehr breit, also über 5 mm breit.

8. 2.2.1.3.1. Blattspreiten auf der Unterseite blau, Ausläufer lang, aus sehr vielen langen Gliedern.

Carex acutiformis Ehrh. (*C. paludosa* Good.) — Sumpfsegge

Naßwiesensauergras. Großsegge. Höhe bis 1,20 m.
Bildet häufig dichte Bestände auf nassen, mehr wasserzügigen Wiesen, die also nicht gerade unter stauender Nässe leiden; neben der Spitzsegge die häufigste Großsegge, ausgezeichnete Streupflanze, sehr ergiebig und von guter Qualität; nebst der Spitzsegge (*Carex gracilis*) die beste Streupflanze unter den Sauergräsern, durch Stecklinge leicht vermehrbar; nur auf bewässerbaren Streuwiesen ist *Carex gracilis* überlegen. Vom Tiefland bis in die höheren Berglagen verbreitet. Mit sehr langen, kräftigen, sehr dicken (bis 5 mm), tiefstreichenden, unterirdischen Ausläufern; die neu angelegten Ausläufer weiß mit weißlichen Niederblättern, die länger als die Glieder sind, aber nie, auch bei älteren Ausläufern, bis zum 2. Glied oder über dieses hinaus gehen; ältere Ausläufer gelblich mit bräunlichen, schnell zergehenden Niederblättern. Mit Trieb-, Knoten- und vereinzelt auch mit Gliederwurzeln.

Ausgesprochene Knickrandblätter, breit, wenigstens 5 mm und bis über 10 mm, über 20 dm lang, grün, unterseits typisch blau und liniert, oberseits sehr rauh, auch Blattränder und unterer Kiel allmählich zugespitzt. Blattscheide dreikantig, rot, sehr hochgehend. Vordere Scheidenwand weißhäutig und ausgesprochen netzfaserig, oberer Rand nach unten tiefer ausgebogen. Blatthäutchen im Winkel meist von 120°, aber unregelmäßig, stumpf rundlich. Scheidenmündung länglicheiförmig.
Triebgrund stumpf-dreikantig, rot angelaufen.
Ohne sterilen Stengel, wenn auch hohe Scheide.
Blüte Mai/Juni. Meist 2—3 dunkelpurpurbraune männliche Endährchen, wobei das oberste besonders dick ist, 2—3 schwarzbraun-grüne, aufrechte weibliche Ährchen, sitzend oder etwas gestielt in der Achsel von laubblattartigen Tragblättern.

8. 2.2.1.3.2. Blattspreite auf der Unterseite wie auf der Oberseite gelb-grün, Ausläufer kurz und kräftig, aus einigen wenigen, kurzen Gliedern.

Carex vesicaria L. — Blasensegge

Naßwiesensauergras. Mittelsegge. Höhe bis 1 m.
Hauptbestandsbildner auf nassen ärmeren, sumpfigen Wiesen mit etwas stagnierendem Wasser, vom Tiefland bis in die Alpen verbreitet. Gehört mit zu den besten Streupflanzen. Bildet kurze, sehr kräftige, dicke bis sehr dicke, grundachsige, unterirdische Ausläufer, aus einigen wenigen, kurzen, weißlichen Gliedern, deren längere schwärzlich-braune Niederblätter sich leicht zersetzen. Hauptwurzelmasse am Trieb, nur vereinzelt Wurzeln auch an Knoten und Gliedern. Mehr dicke als dünne Wurzeln.

Knickrandblätter 5—10 mm breit, lang bis sehr lang, über 10 dm, gelb-bräunlich-grün, besonders oberseits glänzend, unterseits stumpf, liniert, lang zugespitzt, mit Dreikantspitze, stark gegittert. Blattscheide dreikantig, rot überlaufen, ebenfalls gegittert. Vordere Scheidenwand häutig, weißlich, oft auch rotaderig, löst sich zuerst mehr längsfaserig auf, Netzigkeit tritt deutlicher meist erst an älteren Scheiden auf, also nicht so ausgesprochen wie bei *Carex acutiformis*, oberer Rand tief eingeschnitten oder länglich-eiförmig eingebogen. Blatthäutchen sehr hochgehend, mehr oder weniger spitzwinklig, aber immer im rundlichen Bogen.
Triebgrund dreikantig-rundlich, rot, mit roten, rotbraunen bis schwarzbraunen, spitzen Niederblättern.
Ohne sterilen Stengel, wenn auch mit hoher Blattscheide. Blüte Mai/Juni. He. 1—3 bräunliche, schlanke männliche Endährchen, 2—3 braungrüne, sitzende weibliche Ährchen, in der Reife mit aufgeblasenen, grünen Schläuchen (*vesica* = Blase), in der Achsel von laubblattartigen Tragblättern.

8. 2.2.2. Vordere Scheidenwand zerfällt, ohne ein Gefäßbündelfasernetz zu hinterlassen.

8. 2.2.2.1. Blattspreiten schmäler, 2—3 mm breit, graugrün, Ausläufer halb ober-, halb unterirdisch, dick, gelbglänzend.

Carex limosa L. — Schlammsegge

Naßwiesensauergras. Höhe bis 50 cm.
Zwischen *Sphagnum* auf Verlandungshochmooren sehr häufig. Nach P. Graebner „eine Zierde unserer Heidemoore". Vom Tiefland bis in die unteren Berglagen vorkommend.
Bildet halb ober-, dann grünliche, halb unterirdische, dann gelbglänzende Ausläufer, mitteldick bis dick, mit bräunlichen, leicht zerfasernden Niederblättern; mit Trieb-, Knoten- und Gliederwurzeln, ziemlich stark und drahtig.

Knickrandblätter schmal, 2—3 mm breit, 5 dm lang, typisch graugrün, oberseits sehr rauh, die Blattränder oft borstenförmig zusammengefaltet, Haltung steif, aufrecht. Obgleich die Blätter sehr schmal sind, sind sie doch deutlich knickrandig. Blattscheide dreikantig, schmal, besonders die äußeren Scheidenblätter rötlich oder rotbraun liniert. Vordere Scheidenwand weiß, so dünnhäutig, zerfällt so leicht, aber nicht netzig, daß man selten eine heile Bauchscheidenwand findet, hochgehend. Blatthäutchen stark entwickelt, ebenso weiß, im Winkel von 90° angesetzt. Scheidenmündung eiförmig. Triebgrund rund und rot.
Ohne sterilen Stengel.
Blüte Mai/Juli. He. Ein schlankes, rotbraun-grünes männliches Endährchen, meist 2 dicht- und vielblütige, rotbraun-graugrüne, dickere weibliche Ährchen, an längeren Stielen graziös hängend, mit Tragblatt.

8. 2.2.2.2. Blattspreiten breiter, um 5 mm breit oder breiter, nicht graugrün, sondern blaugrün oder gelbgrün, Ausläufer unterirdisch.

8. 2.2.2.2.1. Blattspreiten blaugrün, besonders deutlich an der Unterseite. Ausläufer länger und rötlich. Blätter um 5 mm breit (im Gegensatz zu *Carex panicea* ohne Dreikantspitze).

Carex flacca Schreb. (*C. glauca* Murr., *C. diversicolor* Crantz) — Blaugrüne Segge

Grünlandsauergras (Waldsauergras). Kleinsegge. Höhe bis 50 cm.
Auf etwas quelligen Wiesen, sehr häufig auf Kalkböden auch an nicht gerade nassen Stellen, ähnlich wie die Blaue Binse (*Juncus glaucus*) mehr auf lehmig-tonigen Böden. Nach DÖRTER (1974) an unterschiedliche Feuchtigkeitsverhältnisse sehr gut anpassungsfähig. In Süd- und Mitteldeutschland häufig, nordwärts mehr zerstreut. Auch in lichten Laubwäldern vorkommend.
Streupflanze von geringem Ertrag.
Bildet typisch bogig aufsteigende unterirdische Ausläufer, um 2 mm dick, drahtig, etwas rötlich gefärbt, mit rötlich-braunen Niederblättern besetzt, aber nicht immer deutlich rötlich gefärbt, nur Triebwurzeln, aber mit vielen, sehr drahtigen Wurzeln.

Flache Knickrandblätter, mittelbreit, um 5 mm, auch breiter und schmäler, mittellang, über 5 dm, typisch blaugrün, wachsartig besonders unterseits, ohne Dreikantspitze, aber allmählich sehr fein zugespitzt, nur unterhalb der Blattspitze oft sehr rauh, auch Blattränder und unterer Kiel auffällig rauh, Blätter mit sichelförmigem Schwung und aufrechter Haltung. Blattscheide dreikantig, aber nicht scharf, kurz, nicht hochgehend, äußere Scheiden braun bis rotbraun oder etwas rötlich nuanciert, aber nicht immer deutlich. Vordere Scheidenwand weißhäutig, aber nicht so weiß und zart wie bei *Carex panicea*, nicht so leicht zerreißend; oberer Rand etwas längsfaserig, hochgehend, gerade abgeschlossen, mit dem deutlichen weißen, dabei derben Blatthäutchen oft sogar hautkragig wirkend. Blatthäutchen im Winkel von 120°. Hintere Scheidenwände etwas rötlich liniert, aber nicht immer deutlich. Scheidenmündung fast kreisrund.
Triebgrund rundlich, etwas knollig verdickt, zuweilen etwas rötlich.
Ohne sterilen Stengel.
Blüte Mai/Juni. He. Meist 2, selten 1 schlankes, dunkelpurpurbraun-helles männliches Endährchen, 2—3 zylindrische, dicht- und vielblütige, dunkelrotbraun-grüne weibliche Ährchen, an längeren Stielen, zuletzt nickend, mit laubblattartigem Tragblatt.

8. 2.2.2.2.2. Blattspreiten gelbgrün, Ausläufer kürzer, einige wenige kurze Glieder, Blätter um 10 mm breit.

Carex strigosa HUDS. — Dünnährige Segge

Waldsauergras. Höhe 60 cm bis 1,00 m.
Als atlantisches Florenelement mehr im westlichen, aber auch mittleren Deutschland vorkommend, in besseren, etwas feuchten Wäldern zuweilen reichlich auftretend. Bildet aber kein einheitliches Verbreitungsgebiet, sondern tritt plötzlich auch in kontinentalen Gebieten völlig isoliert auf.
Bildet kürzere, harte, kräftige Ausläufer.

Knickrandblätter breit bis sehr breit, 10—15 mm breit, aber mittellang, bis 5 dm lang, gelbgrün, etwas glänzend, zwar typisches Knickrandblatt, aber flach, fast bis zur Spitze breit bleibend, dann sich kurz zuspitzend, ohne Dreikantspitze, oberseits sehr rauh. Blattscheide ausgesprochen dreikantig, aber nicht hart, sondern weich, untere Niederblätter rötlich, wie mit roten Flecken. Vordere Scheidenwand sehr dünnhäutig und leicht zerreißend, oberer Rand etwas ausgebogen, meistens schief. Blatthäutchen nur schmal, aber immer vorhanden, spitz- bis rechtwinklig.
Triebgrund dreikantig, etwas knollig, rot, Seitentriebe extravaginal.
Ohne sterilen Stengel.
Blüte Mai. He. Meistens ein schlankes, gelblich-grünes Endährchen, 3—4 braun-grüne, aufrechte, lockerblütige weibliche Ährchen, an längeren Stielen, aber nicht hängend.

Zu den Ausläufersauergräsern der achten Gruppe gehören außerdem noch zwei Arten, die durch ihre krautig entwickelte vordere Scheidenwand aus dem allgemeinen Rahmen herausfallen, dadurch leicht kenntlich sind und die wir daher hier getrennt anfügen.
Vordere Scheidenwand krautig mit langem, spitzwinklig eingelassenem Hautabschluß. Ausläufer oberirdisch.

Carex chordorrhiza EHRH. in L. fil. — Stricksegge, Fadenwurzelsegge
Naßwiesensauergras. Höhe bis 30 cm.
Auf Hochmoor, selten aber gesellig. Vom nördlichen Flachland bis in die Voralpen vorkommend.
Mit sehr langen, faden- oder peitschenförmigen, braunen, oberirdischen Ausläufern, Blattriebe an jedem Knoten, nur an der Spitze mit einem Blütentrieb.

Flache Knickrandblätter, schmal bis mittelbreit, 2—3 mm breit, nicht sehr lang, grün, nicht sehr rauh, meist nur unterhalb der Blattspitze. Blätter lange parallelrandig und dann in eine längere, sehr feine Spitze verschmälert. Blattscheide dreikantig. Vordere Scheidenwand krautig, mit langem, spitzwinklig eingelassenem Hautabschluß, dessen oberer Rand ausgebuchtet ist. Blatthäutchen groß, Scheidenmündung oval.
Triebgrund dreikantig.
Blüte Mai/Juni. Ho. Ährchen kopfartig zusammengedrängt, rostbraun. Ohne Tragblatt.

Vordere Scheidenwand krautig, mit kurzem stumpfwinklig eingelassenem Hautabschluß, Ausläufer unterirdisch, mit Knollen.

Scirpus maritimus L. (*Bolboschoenus maritimus* (L.) PALLA) — Strandsimse, Meersimse

Salzbodensauergras. Höhe über 1,20 m.
Auf feuchtnassem, salzigem Grünland am Meeresstrand und an den Salzstellen des Binnenlandes häufig, auch bestandbildend, deutet in Gräben auf Salzwassereinfluß hin, z. B. in den Moorgräben von Paulinenaue. Kosmopolit.
Bildet lange, sehr dicke, fleischige, zuerst gelbliche, dann schwarzbraune, glänzende unterirdische Ausläufer, die sich am Grunde der Triebe knollig verdicken (also Knollen nicht an Stolonen wie bei der Erdmandel (*Cyperus esculentus*); Bewurzelung nur an den knollig verdickten Trieben, aber sehr stark. Knollige Triebe oft gehäuft zusammen.

Flache Knickrandblätter, zum Spreitengrunde zu oft rinnig, bis 10 mm breit, lang, grün, lederig, glänzend, mit ausgeprägter Dreikantspitze, nur eben unterhalb der Dreikantspitze oberseits etwas rauh, sonst die Blattoberseite glatt und nur an den Rändern und dem unteren Kiel sehr rauh. Blattscheide scharf dreikantig, sehr hochgehend. Vordere Scheidenwand typisch krautig entwickelt wie die hinteren Scheidenwände, mit kurzem, aber deutlichem, mehr stumpfwinklig eingelassenem Hautabschluß. Blatthäutchen nur eine Spur.
Triebgrund rundlich, knollig verdickt.
Mit sterilem Stengel.
Pflanze mit ausgesprochen aufrechter, steifer Haltung.
Blüte Juli. Blütenspirre bräunlich. Ährchen köpfig in der Achsel von längeren grünen Tragblättern.

3. Zusammenfassende Darstellungen über Standort und Wert der Sauergräser und deren Bekämpfung

3.1. Über den Standort der Sauergräser

Der landläufigen Meinung und auch dem Namen* nach wachsen die Sauergräser auf nassen Standorten. Diese Auffassung besteht aber keineswegs zu Recht, nnd der Name täuscht. Man trifft *Carex*-Arten in jeder Feuchtigkeitsstufe an, und es sind nicht nur einige Sauergräser, die die nasse Lage ganz meiden, sondern zum Teil an sich recht häufige Arten, die man vergeblich hier sucht. Der Name erklärt sich wohl daraus, daß das Sauergras gerade auf nassen Flächen weite, das Landschaftsbild mitbestimmende und daher auffällige Bestände bildet. Zwar finden sich ähnlich alles beherrschende *Carex*-Aspekte auch außerhalb der nassen Lage, aber abgesehen von einigen wenigen Fällen doch nur in den Alpen. Der Name darf nicht darüber hinwegtäuschen, daß der Standort der verschiedenen Sauergräser im einzelnen von der nassen Lage über die feuchte und frische bis in die trockene und dürre Lage reicht.

Das Auftreten der Sauergräser deutet auch nicht ohne weiteres auf pH-saure Böden hin. Säureanzeiger sind unter den Sauergräsern ebenso selten wie unter den Süßgräsern. Die sogenannten „sauren" Wiesen sind naß, aber nicht pH-sauer. Das muß betont werden, da leider beide Begriffe noch immer verwechselt werden.

Außer den Hochmoorseggen gibt es wohl nur einige wenige *Carex*-Arten, wie die Heidesegge (*Carex ericetorum*) und die Pillensegge (*Carex pilulifera*), die Anzeiger einer niedrigen pH-Zahl sind.

Unrichtig ist ebenfalls die weit verbreitete Meinung, daß die Sauergräser nur auf mageren Böden vorkämen. Richtig ist allein, daß sie auf den fetten Wiesen und Weiden, d. h. auf den frischen und feuchten Grünländereien mit guter Nährstoffversorgung, so gut wie ganz fehlen. Im Wald wachsen dagegen einige, ja mehrere *Carex*-Arten auf den kräftigsten Böden mit bester Humuszersetzung, wie beispielsweise die Waldsegge (*Carex sylvatica*). Und auch von den Streuwiesen der nassen Lage wissen wir, daß die Hochseggen dort nicht etwa auf mageren Böden kultiviert wurden.

Schlanksegge (*Carex gracilis*) und Sumpfsegge (*Carex acutiformis*) geben die gewaltigen Streuerträge nur auf Böden in guter Kraft. Ist der Boden von Natur aus arm, so muß mit mineralischen Düngemitteln kräftig nachgehofen werden. Daß man dabei mit dem Stickstoff vorsichtig zu sein hat, liegt nicht daran, daß die Sauergräser ihn nicht vertrügen, sondern hat vielmehr seinen Grund darin, daß einige frühtreibende Streuunkräuter, die auch düngerliebend sind, die beiden später treibenden Streusauergräser bei stärkerer Stickstoffdündung leicht zurückdrängen.

Auch ausgesprochen sauerstoffarme Böden zeigen die Sauergräser nicht durchweg an. Die

* Sauergras heißt nicht etwa sauer schmeckendes Gras. „Sauer" leitet sich in dieser Verbindung vielmehr nach R. Kolkwitz aus dem Althochdeutschen „saiger" (feucht) ab. Im Mittelhochdeutschen wurde „saar" daraus und im Neuhochdeutschen „sauer". „Saarwiesen" heißen heute noch in Südthüringen gelegentlich nasse Wiesen und „Saargründe" feuchtgelegene enge Talungen. In der Sprache der Chanten, einem alten Völkerstamm in Sibirien, bedeutet „Sor" überflutete Wiesen, tiefliegendes Schwemmland, das bei Hochwasser überflutet wird und dann im Frühjahr wie ein See aussieht, wie Soja Sokolowa berichtet (1976, Das Land Jugorien).

Luftgänge der nicht feuchtigkeitsliebenden Arten stehen auch mit dem Tiefgang der Ausläufer und der Wurzeln in Beziehung.
Mit allgemein gehaltenen Angaben über den Standort der Sauergräser kommt man also in keiner Hinsicht weiter, wenn man dieselben bei der Bewertung des Grünlandes heranziehen will. In diesem Buch, das der Erkennung der Sauergräser im blütenlosen Zustand gewidmet ist, soll nur kurz das Wichtigste über den Standort der Sauergräser zusammenfassend dargestellt und auf Besonderheiten hingewiesen werden.

3.1.1. Die Sauergräser des nassen Grünlandes

Das nasse Grünland besteht mehr oder weniger aus ausgeprägten Sauergraswiesen. Wir treffen Hochseggenwiesen mit *Magnocariceten* und Niederseggenwiesen mit *Parvocariceten*. Die Pflanzensoziologie spricht von Hochseggenriedern und Kleinseggenriedern. Man unterteilt weiter in saure Kleinseggenrieder und kalkreiche Kleinseggenrieder, dazwischen gibt es viele Übergänge. Häufig wird das Bild auch von den Mittelseggen geprägt. Diese Pflanzenbestände sind landwirtschaftlich minderwertig. Im Gegensatz zu den Süßgräsern weist das Blatt der Sauergräser im allgemeinen ein stark entwickeltes Durchlüftungssystem auf. Das trifft besonders für die hohen Sauergräser zu. Weite Luftkanäle zwischen den Blattrippen führen den unterirdischen Organen den zum Atmen notwendigen Sauerstoff zu und sind mit dem Durchlüftungssystem der Wurzel kontinuierlich verbunden, was sie weitgehend unabhängig vom Sauerstoffgehalt des Bodens macht. Nachgewiesen wurden diese Zusammenhänge in amerikanischen Versuchen von M. Conway (1937) für *Cladium mariscus* und W. Lindenbein (1939) nimmt ein ähnliches Verhalten für die hohen Sauergräser an, wenn auch der experimentelle Vergleich noch fehlt. Daher reicht auch für das Wachstum der Sauergräser ein geringerer Sauerstoffgehalt im Boden aus, während alle guten Süßgräser auf eine ausgiebige Sauerstoffversorgung ihres Wurzelbereichs während der Wachstumszeit angewiesen sind. Die hohen Militzgräser *Glyceria aquatica* und *Phalaris arundinacea* zeichnen sich allerdings auch durch ein besonderes Durchlüftungsgewebe in der Wurzel aus (D. Schröder 1952). Neben diesen wertlosen, schilfigen Pflanzenbeständen findet sich in der nassen Lage aber auch gutes Grünland und eventuell sehr gutes Grünland, und zwar auf Überschwemmungsflächen oder wo das Grundwasser in Bewegung ist. Der notwendige Sauerstoff wird hier durch das Überschwemmungswasser oder das in Bewegung befindliche Grundwasser den Pflanzen zugeführt. Die Hauptwurzelzone ist gut durchlüftet, ein höherer Nährstoffreichtum kann zur Auswirkung kommen. Wer Grünland beurteilen will, muß diese wertvollen Flächen mit den Hoch- und Niedermilitzgräsern von dem Sumpfgrünland der Sauergräser trennen und darf sie nicht in einer Wasserstufe zusammenfassen.
Für den Landwirt ist ferner wichtig, daß innerhalb der Sauergrasbestände einige Süßgräser vorkommen, die ebenso minderwertig sind wie die Sauergräser. Das trifft nicht nur, wie jeder weiß, auf das Schilfrohr (*Phragmites australis*) zu, dessen Hauptstandort im Wasser ist und das auf zweischnittigen Wiesen meist zurücktritt, sondern vor allem auf das Schmalblättrige Reitgras (*Calamagrostis canescens*), das etwa auf einer Stufe mit den Mittelseggen steht, und auf das Hundsstraußgras (*Agrostis canina*), das Standort und Wert mit den Niederseggen teilt. *Calamagrostis canescens* besitzt nicht wie die hohen Sauergräser ein ausgeprägtes Luftleitungs- und Durchlüftungsgewebe (D. Schröder 1952). Sie ist ein Beispiel dafür, daß die Pflanzen der nassen Lage auch andere Möglichkeiten der Anpassung haben. „Die Mannigfaltigkeit der Wege zum gleichen Ziel ist ja eine der hervorstechendsten Eigentümlichkeiten der gesamten belebten Natur“ (W. Lindenbein 1939). Auch vermag die Pflanze durch Selbstregulation sich verschiedenen Standorten anzupassen, wie es ganz besonders vielleicht für *Carex hirta* zutrifft, die ja in jeder Feuchtigkeitsstufe anzutreffen ist.

Hauptsächlich in der nassen Lage bilden die *Carex*-Arten bei uns große, zusammenhängende Bestände, deren Unterscheidung auch im einzelnen für den Beurteiler des Grünlandes von Wichtigkeit ist und nicht allgemein nur die Trennung in Hochseggen, Mittelseggen- und Kleinseggengrünland.
Es sei hier daher ein kurzer Überblick über die Sauergrasbestände der nassen Lage gegeben.

Die Wiesen der ausläufertreibenden Hochseggen (Schlankseggenried)
Hauptbestandsbildner:

Schlanke Segge (*Carex gracilis*)
Sumpfsegge (*Carex acutiformis*)
begleitet u. a. von:
Blasensegge (*Carex vesicaria*)
Schnabelsegge (*Carex rostrata*)
Kammsegge (*Carex disticha*)
Schmalblättriges Reitgras (*Calamagrostis canescens*)
zuweilen auch:
Ufersegge (*Carex riparia*)

Vorkommen: Auf sauerstoffarmen Wiesen vom Nährstoffcharakter der Niedermoore, auf versumpften, nährstoffreichen, aber physiologisch armen Wiesen. Beim Ausbleiben der sauerstoffreichen Überschwemmungswässer in der Verlandungszone von Gewässern treten die Hochseggen (*Magnocariceten*) an die Stelle der Hochmilitzgräser Rohrglanzgras (*Phalaris arundinacea*) und Wasserschwaden (*Glyceria maxima*) und lösen das Röhricht nach oben hin ab.

Erträge: Die Erträge sind sehr verschieden hoch, bei sehr guter Pflege auf Streuwiesen bis zu 100 dt/ha gute Streu, sonst bei dichterem Seggenbestand 60 dt/ha Sauergrasheu. Je ärmer und versumpfter der Standort und desto lockerer der Seggenbestand ist, um so mehr dringt besonders das Sumpfastmoos (*Acrocladium cuspidatum*) ein, bei starker Durchsetzung erntet man unter 40 dt/ha Heu. Landwirtschaftlich handelt es sich hierbei höchstens um Pferdeheuwiesen.

Wasserstufe: 5+

Die Wiesen der bültigen Hochseggen (Steifseggenried)
Hauptbestandsbildner:

Steife Segge (*Carex elata*)
weniger häufig:
Rispensegge (*Carex paniculata*)
Scheinzypersegge (*Carex pseudocyperus*)
Langjährige Segge (*Carex elongata*)

Vorkommen: Unter ähnlichen Bedingungen wie die Wiesen der ausläufertreibenden Hochseggen. Die Bültseggenwiese wird besonders herausgestellt, weil sie nach der Entwässerung bei der Inkulturnahme der Flächen besondere Maßnahmen erfordert.

Erträge: Geringer als bei den Wiesen der ausläufertreibenden Hochseggen. Keine beste Streuwiese.

Wasserstufe: 5+ und noch schlechter.

Die Wiesen der Mittelseggen
Hauptbestandsbildner:

Kammsegge (*Carex disticha*)
Schnabelsegge (*Carex rostrata*)
Blasensegge (*Carex vesicaria*)
Fadensegge (*Carex lasiocarpa*)
Fadenbinse (*Juncus filiformis*)

Vorkommen: Sehr häufig auf nassen Wiesen, die etwas ärmer sind als der Standort der Hochseggen, vom Nährstoffcharakter etwa der Übergangsmoore, und manchmal auch etwas weniger naß.

Erträge: gering, 30 dt/ha, sehr schlechtes Sauergrasheu. Auf Streuwiesen bringen die Schnabel- und die Blasensegge bei guter Pflege bis zu 60 dt/ha Streu.

Die Wiesen der Kleinseggen (Braunseggenwiese, Braunseggensumpf)
Bestandsbildner:

Braunsegge (*Carex nigra*), daneben
Graue Segge (*Carex canescens*)
Drahtsegge (*Carex diandra*)
Sternsegge (*Carex stellulata*)
Schwarzschopfsegge (*Carex appropinquata*)
Gelbe Segge (*Carex flava*)
Hirsensegge (*Carex panicea*)
Blaugrüne Segge (*Carex flacca*)
Hundsstraußgras (*Agrostis canina*)
Sumpfblutauge (*Potentilla palustris* (L.) Scop.)
Laubmoose: *Aulacomium palustre*,
Camptothecium nitens.

Vorkommen: Bei fortschreitender Verlandung löst die Braunseggenwiese die Hochseggenwiese nach oben hin ab. Der Standort ist an sich auch Niedermoor oder Anmoor, aber vernäßt, staunaß, und noch ärmer als die Flächen der Mittelseggen.
Mehr als die Hoch- und Mittelseggen gehen aber viele Kleinseggen auch auf weniger nasse Böden über, wenn sie nur arm sind.

Erträge: Sehr niedrige Erträge, 10 dt/ha eines schlechten Futters, bestenfalls bis 20 dt/ha Streu.

Wasserstufe: 5+, aber insbesondere *Carex panicea* auch 4+, 3+ und (2+).

Die Hackbartwiese, der Kalkseggensumpf
Hauptbestandsbildner:

Hackbart (*Carex davalliana*)
Saumsegge (*Carex hostiana*)
Breitblättriges Wollgras (*Eriophorum latifolium*)
Kopfried (*Schoenus nigricans*)

Vorkommen: In quelligen Kalksümpfen.

Erträge: Fast ertraglos.

Wasserstufe: 5+ und schlechter.

Die Schlammseggenwiese, der Hochmoorsumpf
Hauptbestandsbildner:

Schlammsegge (*Carex limosa*)
Zweihäusige Segge (*Carex dioica*)
Scheidiges Wollgras (*Eriophorum vaginatum*)
Torfmoose (*Sphagnum*-Arten)

Vorkommen: Auf hochmoorartigen Flächen.
Erträge: Ertraglos.

Wasserstufe: 5+ und schlechter.

Die meisten Kleinseggen finden sich auch auf den Weiden. Die Erträge sind sehr gering. Als Futter sind die Niederseggen nicht so minderwertig wie die Hoch- und Mittelseggen, da die Blätter weniger stark verkieseln. Aber die Gefahr der Verseuchung der Flächen mit Leberegel und Lungenwurm besteht hier ebenso wie auf den Niedermilitzweiden.

Wasserstufe: 5+, 4+, 3+.

Auf den durch Druckwasser nassen Wiesen finden sich zwei typische Bestände:

Die Stumpfbinsenwiese
Hauptbestandsbildner:

Stumpfbinse (*Juncus subnodulosus*)
Breitblättriges Wollgras (*Eriophorum latifolium*)
Gelbe Segge (*Carex flava*)

Die Waldsimsenwiese
Hauptbestandsbildner:

Waldsimse (*Scirpus sylvaticus*)

Vorkommen: Auf nassen Druckwasserwiesen, die Waldsimse meist unter etwas weniger nassen Verhältnissen als die Stumpfbinse.

Erträge: Niedrige Erträge sehr schlechten Heus.

Wasserstufe: 5+ und schlechter, aber auch weniger naß.

In der nassen Lage gehören nach den Militzgräsern, dem Rohrglanzgras (*Phalaris arundinacea*) und dem Wasserschwaden (*Glyceria maxima*), die Sauergräser zu den wichtigsten Zeigerpflanzen. Während die Militzgräser anzeigen, daß das Wasser, obwohl es im Übermaß vorhanden ist, nicht schädlich wirkt, da entweder das Grundwasser in Bewegung und damit sauerstoffreich ist oder die Überschwemmungswässer genug Sauerstoff zuführen, weisen die Sauergräser allgemein darauf hin, daß die Wasser- und Durchlüftungsverhältnisse oder die Nährstoffverhältnisse im Boden nicht in Ordnung sind. Hoch- und Mittelseggen zeigen wohl ziemlich sicher die nasse Lage an, wenn auch mit gewissen Unterschieden. So bildet die Schlanksegge (*Carex gracilis*), die einen besonders hohen Anteil an Durchlüftungsgewebe in der Wurzel aufweist, wohl nur in der Wasserstufe 5+ ihre weiten Bestände. „Wie ein weites Kornfeld wogt vor uns das dunkelgrüne Gehälme der *Carex gracilis*, einförmig durch keine Blume belebt" (C. A. Weber, 1931). Die Sumpfsegge (*Carex acutiformis*) dagegen findet sich auch in 4+ und 3+. Die Großseggenbestände sind identisch mit den Beständen der früher wertvollen Streuwiesen. Schlanksegge und

Sumpfsegge sind die wichtigsten Bestandsbildner. Sie wachsen in dichten und hohen Beständen aber nur auf nährstoffreicheren (eutrophen) Böden mit nicht gerade stagnierendem Grundwasser. Daneben treten häufiger, mehr stellenweise bestandsbildend die Mittelseggen Blasensegge (*Carex vesicaria*), Schnabelsegge (*Carex rostrata*) und die Kammsegge (*Carex disticha*) auf. Ihre Ansprüche an Boden und Wasser sind geringer. *Carex disticha* besiedelt gern kalkhaltigen Boden und bildet oft weite Reinbestände auf moorigen oder doch lockerbodigen, nassen Wiesen, häufig auch gemeinsam mit der Fadensegge (*Carex lasiocarpa*), die aber meist auf noch ärmere Verhältnisse, auf nasse Wiesen mehr vom Hochmoorcharakter, hindeutet. Blasen- und Schnabelsegge wachsen auch in stehenden Wässern und gehören zu den typischen Bestandsbildnern der sogenannten Schwing- oder Schwimmrasen armer, mehr oligotropher Gewässer. Ganz besonders ist die Schnabelsegge an der Bildung dieser schwimmenden Decken von Torflöchern beteiligt, die zum größten Teil aus den Rhizomen und Wurzeln dieser Segge bestehen.

Landwirtschaftlich ist es wichtig, unter den Hochseggen, den *Magnocariceten*, Horst- oder Bültseggen und Ausläuferseggen zu unterscheiden. Die mit den Ausläuferseggen bestandenen Flächen sind viel leichter zu kultivieren. Nach der Entwässerung verschwinden sie eigentlich ohne besondere Maßnahmen, während die Horstseggen der weiteren Kultur größere Schwierigkeiten entgegensetzen, ganz besonders die Steife Segge mit ihren oft stuhlhohen Bülten. Wir haben daher die Bültseggenwiesen für sich herausgestellt. Die typische Bültsegge, die Steife Segge (*Carex elata*) stellt keine so hohen Anforderungen an die Güte der Wasserverhältnisse wie die anspruchvollsten Ausläuferseggen. Sie ist eine sehr dominierende Art und spielt bei der Verlandung von Gewässern oft eine Hauptrolle. Ein ausgedehntes Durchlüftungs- sowie Trocken- und Fäulnisschutzgewebe in der Wurzel (Kutschera, L., 1966) paßt sie sehr ihrem Standort an. Durch ihre sehr hohen Bülte vermag sie ihren Wuchsort stark zu erhöhen, und ihre Säulen bieten oft den einzigen sicheren Standort im Wasser dar. Erlen und Weiden dienen sie als Keimbett. Nicht so häufig wie die *C. elata* ist die bültige Rispensegge (*Carex paniculata*). Sie wächst in größeren Beständen nur auf nassen, quelligen Wiesen und gilt als Quellzeiger. Sie stockt meist auch an wasserzügigen Rändern von Wassertümpeln. Die Beseitigung ihrer Bülten ist ebenfalls sehr schwierig. Typische Bültseggenwiesen werden außerdem noch von der Schwarzschopfsegge (*Carex appropinquata*) gebildet, die allerdings schon mehr zu den Kleinseggen überleitet. Sie kommt nur gelegentlich auf nassen, ärmeren Wiesen bestandbildend vor. Die Beseitigung ihrer nur mittelhohen Bülten bereitet keine Schwierigkeiten.

Die Klein- oder Niederseggen, die *Parvocariceten*, sind keine so verläßlichen Anzeiger der nassen Lage wie die Hochseggen, die *Magnocariceten*, nicht alle Kleinseggen zeigen entwässerungsbedürftigen Boden an. Im allgemeinen leidet der Boden zwar dort, wo die Kleinseggen in dichten Beständen wachsen, nicht weniger stark unter Nässe als auf den Flächen der Hochsegge, ja er ist sogar oft etwas sumpfiger. Immer ist der Standort der Kleinseggen ärmer, noch ärmer als der der Mittelseggen. Allerdings braucht der Boden in der Tiefe nicht schlechter zu sein. Bei der Verlandung folgt nämlich auf die Großseggenbestände oft der Kleinseggenbestand. Dann sind die geringeren Wachstumsverhältnisse des Kleinseggenbestandes darauf zurückzuführen, daß dieser nicht mehr oder weniger häufig von dem Überschwemmungswasser erreicht wird. Der Boden ist dann meistens nur oberflächlich arm, und die Kleinseggen stehen auch unter etwas weniger nassen Verhältnissen. Die Beobachtung der Verlandungsfolgen bleibt allgemein am wichtigsten.

Im einzelnen aber sind die Standortansprüche der Kleinseggen doch sehr abweichende. Insbesondere, wo die Hirsensegge (*Carex panicea*) Bestände bildet, ist der Boden weniger naß, so daß man bei der Entwässerung vorsichtig zu sein hat und manchmal schon das Räumen der verfallenen Entwässerungsgräben genügt, um gutes Grünland zu schaffen. Mischbestände mit Pfeifengras (*Molinia caerulea*) und Borstgras (*Nardus stricta*) finden sich aber auch in der gutfeuchten, armen Lage, so daß aus dem Pflanzenbestand allein

oft schwer zu entscheiden ist, ob der Boden entwässerungsbedürftig ist. Typisch ist die weit verbreitete Niederseggenwiese der völlig verarmten feuchten Lage, die sich auch heute immer wieder neu bildet, wenn Hochseggenwiesen bis zum optimalen Feuchtigkeitsgrad entwässert wurden, und eine genügende Düngung verabsäumt wurde. Es handelt sich bei diesen armen Flächen um sehr weitgehende Reinbestände der Hirsensegge (*Carex panicea*), während die Braune Segge (*Carex nigra*) mehr in nasser als feuchter Lage vorherrscht, manchmal liegt ein Mischbestand beider Seggen vor. Andere Kleinseggen fehlen fast nie, bleiben aber mengenmäßig meistens in bescheidenen Grenzen.
Beigesellt sind diesen Niederseggenbeständen minderwertige Gräser und je ärmer die Wiese ist und je offener die Vegetation, desto mehr dringen auch lichtbedürftige Moose vor, wie Bäumchenastmoos (*Climacium dendroides*), Krückenastmoos (*Hylocomium squarrosum*), während das spitze Astmoos (*Acrocladium cuspidatum*), der ausgesprochene Hochseggenbegleiter, das als Entwässerungsindikator gilt, geschlossene Teppiche allein in der Nachbarschaft von *Carex nigra* bildet. Der Botaniker schätzt übrigens diese Hungerwiesen als Standort vieler Seltenheiten und als Fundort natürlicher Bestände von sonst nur vereinzelt vorkommenden Pflanzen. Das gilt z. B. für die Natternzunge (*Ophioglossum vulgatum*), die örtlich mehr als 50% vom Bestande einnehmen kann.
Auf den etwas zu nassen Weiden der Wasserstufe 3+ tritt unter den sonstigen Magerpflanzen neben der Hirsensegge vor allem auch die Gelbe Segge (*Carex flava*) auf. Die Blaugrüne Segge (*Carex flacca*) liebt Kalk und geht auf wechselfeuchte, mehr lehmige Flächen über. Keinen Zeigerwert unter den Niederseggen hat die häufig vorkommende Behaarte Segge (*Carex hirta*). Sie verträgt alles: Nässe und Dürre, Überweidung und Überdüngung, Nährstoffreichtum und Nährstoffarmut.
Die Kleinseggenbestände der nassen Wiesen wurden zwar auch eventuell als Streuwiesen genutzt, aber die Erträge sind zu gering. Sie bleiben unter 20 dt/ha Heu. Deshalb ist auch nicht eine einzige Art der vielen Vertreter kultiviert worden.
Landwirtschaftlich braucht bei den *Parvocariceten* nicht zwischen Horst- und Ausläuferseggen besonders unterschieden zu werden, da die Horstseggen für die Kultivierung keine größeren Schwierigkeiten bedeuten wie bei den *Magnocariceten*.
Erwähnt seien noch einige Sauergräser, die nicht in den allgemeinen Rahmen zu stellen sind. Einen besonderen Zeigerwert in der nassen Lage haben die drei Wollgräser, die zur Zeit der Blüte und Frucht schon von weitem durch ihre weißwolligen Fruchtstände aufmerksam machen. Das Schmalblättrige Wollgras (*Eriophorum angustifolium*) zeigt Böden vom Nährstoffcharakter der Übergangsmoore an und verträgt am meisten Nässe, das Breitblättrige Wollgras (*E. latifolium*) weist auf kalkhaltiges Quellwasser hin und das Scheidige Wollgras (*E. vaginatum*) auf nährstoffärmste Böden vom Nährstoffcharakter der Hochmoore. Es besitzt die beste Anpassung an recht veränderliche Feuchtigkeit, aber dauernde Nässe verträgt es nicht. Schon in sehr feuchten Lagen strebt es mit seinen Trieben zwischen den Torfmoosen aufwärts, um aus dem Bereich der Nässe zu kommen. Es bildet dann nicht die typischen Bülten, die sich wie Maulwurfshügel über die Umgebung herausheben (Kerner von Marilaun, 1891), sondern lockere Rasen (H. Schreiber, 1927). Die Zittergrassegge (*Carex brizoides*) wächst auf etwas nassen Wiesen, daneben aber kommt sie auch auf gutfeuchten Wiesen vor, auf schweren kräftigen, etwas verschlämmten, zur Wasserstauung neigenden Böden. Ebenso treten Fuchssegge (*Carex vulpina*) und Waldsimse (*Scirpus sylvaticus*) auf etwas nassen Wiesen auf, greifen aber zum Teil auf gutfeuchte Wiesen, mit nicht gerade schlechten Nährstoffverhältnissen über. Die Fruchtsegge liebt nährstoffreichere als auch schwach salzige Böden. Die Waldsimse deutet immer auf wasserzügigen Boden hin. Sie gehört überhaupt neben der Stumpfbinse (*Juncus subnodulosus*) zu den wichtigsten Zeigerpflanzen, da sie tatsächlich mit großer Sicherheit auf Druckwasser aufmerksam macht. Dieses Druckwasser ist manchmal sehr leicht zu beseitigen. Wenn es sich dabei um Schichtwasser handelt, ist es durch einen

mehr oder weniger tiefen Hanggraben leicht abzufangen. Liegt dagegen eine Vernässung durch eine „Quelle“ vor, so gilt es, diese Quelle zu erfassen, was nicht leicht gelingt. Unsere Vorfahren verstanden sich auf die Kunst des Abfangens von Quellen besser als wir. J. POGGE* war ein Meister in dieser Kunst. In seiner Abhandlung „Das Abfangen von Quellen“ (1838) berichtet er über seine Erfolge in Mecklenburg. Bei noch so vielen Quergräben alle 5 m blieb das Gelände sumpfig, aber ein einziger richtig angelegter Stichgaben, der die „Urquelle“ erfaßte, brachte nach einigen Tagen größere Wiesenkomplexe wassermäßig in Ordnung. J. POGGE gibt zum Schluß seiner Abhandlung folgende Anweisung zum Handeln: „Man suche sich so zu stellen, daß man das Quellgebiet mit einem Blick übersehen kann, achte auf das natürliche Gefälle der Gegend, wähle den obersten Quellhügel und ziehe aus der Tiefe des Tales einen Graben in den Quellhügel rechtwinklig hinein, so wird einem nach oft schwerer Arbeit gewöhnlich aus dem Untergrunde die Quelle klar entgegensprudeln und der Zweck erreicht sein“.
Ich kenne allein aus der unmittelbaren Umgebung Rostocks drei Wiesenflächen, die durch Quellen versumpft sind. Vergeblich hat man sie durch Quergräben zu entwässern versucht, nur durch das Abfangen der Quelle wird man sie in Ordnung bringen können.

3.1.2. Die Sauergräser des eigentlichen Grünlandes

Auf dem eigentlichen Grünland, d. h. auf den frischen bis feuchten, gut mit Nährstoffen versorgten Wiesen und Weiden kommen — wie schon erwähnt — Sauergräser so gut wie nicht vor. Nur auf etwas in der Düngung und Pflege vernachlässigten Flächen trifft man einige wenige an, so die Hasenpfotensegge (*Carex leporina*), die Dichtährige Segge (*Carex spicata*), die aber auch intensivere Kultur von allen Seggen am besten verträgt und auch auf etwas reicheren Böden vorkommt. Sie gilt als das süßgrasähnlichste Sauergras. Außerdem treten die Bleiche Segge (*C. pallescens*) und die Filzsegge (*C. tomentosa*) auf, letztere bildet manchmal auch Bestände. Von der nassen Lage her greifen einige Kleinseggen über, so die Gelbe Segge (*Carex flava*) und noch häufiger die Hirsensegge (*Carex panicea*), auch als typischer Begleiter des Pfeifengrasbestandes (*Molinia caerulea*) auf armen, feuchten Wiesen und des Borstgrasbestandes (*Nardus stricta*) auf feuchten, total verarmten Weiden, worauf bereits in der nassen Lage besonders hingewiesen wurde. Von der trockenen Lage finden sich die Feldmarbel (*Luzula campestris*) und die Frühlingssegge (*Carex caryophyllea*) ein. Auf buschigem Grünland oder am Waldesrand sind die Waldsauergräser häufiger, vor allem die Waldsegge (*Carex sylvatica*) selbst. Kein unbedingtes Zeichen von zu viel Nässe ist das Auftreten der Behaarten Segge (*Carex hirta*), die in jeder Feuchtigkeitslage vorkommen kann und zu den verbreitetsten Sauergräsern gehört, wie bereits in der nassen Lage betont wurde. Sie hat also kaum einen Zeigerwert, ist aber auf Grünland ein sehr häufiges, meist verkanntes Sauergras.
Im allgemeinen deutet das Auftreten der nässeliebenden Sauergräser in der feuchten Lage mit guten Nährstoffverhältnissen immer darauf hin, daß diese zur Nässe neigt und das Auftreten der trockenheitsliebenden Arten in der frischen Lage mit guten Nährstoffverhältnissen, daß diese zur Trockenheit neigt. Auf armen Flächen der frischen Lage ist der Zeigerwert der Niederseggen nicht so sicher, da sehr viele Arten eben auch auf gutfeuchtem Grünland zu finden sind, sobald dieses arm ist. Unter armen Verhältnissen, wenn der Konkurrenzkampf fehlt, wächst eben alles Arme durcheinander.
In der für Grünland schon etwas zu trockenen Lage der Wasserstufe 3 — gilt neben anderen Differentialarten die Feldmarbel (*Luzula campestris*) als verläßlicher Indikator, um die

* POGGE, J., Das Abfangen von Quellen. Neue Annalen der Mecklenburgischen Landwirtschaftsgesellschaft. 1838.

3— Lage gegen die 2— Lage abzugrenzen. In der Pflanzensoziologie spricht man sogar von Marbel-Weidegesellschaften, die durch das Vorkommen der Marbel und anderer Trockenheitsanzeiger gekennzeichnet sind.

3.1.3. Die Sauergräser des Trockenrasens

Auf trockenen, mageren Kalkböden und Kalkhängen bildet die Bergsegge (*Carex montana*) weite Trockenrasenbestände, die früher als Bergseggenwiesen auch geheut wurden. Man findet sie ebenfalls als Begleiter im Kalktrockenrasen der Aufrechten Trespe (*Bromus erectus*) und auf den Blaugrashalden mit dem Blaugras (*Sesleria varia*) vergesellschaftet. Die Frühlingssegge (*Carex caryophyllea*) tritt stellenweise bestandbildend auf trockenen, armen Sandböden auf, häufiger ist sie ebenso wie *C. montana* Begleitpflanze in den trockeneren Partien der *Bromus erectus*-Gesellschaft. Auf Flugsandböden zieht die Sandsegge (*Carex arenaria*) ihre langen, schnurgeraden Zeilen. Auf Dünengelände wird sie zur Festlegung des Sandes auf Grund ihrer starken Ausläuferbildung auch angepflanzt. Sie gehört ebenfalls zu den Bestandsbildnern des Schafschwingelrasens. Nicht so häufig ist die Französische Segge (*Carex ligerica*), aber unter ähnlichen Verhältnissen vorkommend wie *C. arenaria* und manchmal auf trockenen, armen Sanden in Massen auftretend. Auf ebenso schlechten Kalkböden wie die trockensten Sandböden ist die Erdsegge (*Carex humilis*), ein sehr Wärme liebendes Sauergras, Erstbesiedler. Die Vogelfußsegge (*Carex ornithopoda*) greift gern aus dem Walde auf die unbewaldeten, sonnigen Kalkhänge über. Die vielgenannten Pontischen Hügel sind der Standort der Steppensegge (*Carex supina*) und einer Reihe anderer Trockenheitssauergräser, u. a. auch von der Frühlingssegge (*C. caryophyllea*), die hier dichte Bestände bilden kann. *C. supina* ist bei uns ähnlich verbreitet wie die *Stipa*-Arten *pennata* und *capillata* und gehört in Ungarn zu den dominierenden Bestandteilen der Federgrasflur-Formation (Hegi 1966).

3.1.4. Die Sauergräser der höheren Mittelgebirge und der Alpen

Die Sümpfe in den höheren Mittelgebirgslagen und in den Alpen werden meist von den entsprechenden Sauergräsern der Ebene besiedelt, wenn auch einige eigene Arten hinzutreten. Typisch für die Alpen sind aber die ausgedehnten Sauergrasbestände des felsigen Gesteins, die weit und breit von der Polstersegge (*Carex firma*) und der Krummsegge (*Carex curvula*) gebildet werden, dabei kommt *C. curvula* ausgesprochen auf Urgestein vor, wenn sie in einer Abart *Carex curvula* ssp. *rosae* auch auf Kalkgestein zu finden ist. Sie bevorzugt besonders mehr ebene, schwach geneigte Flächen und in einer Höhe von 2400—3000 m ist das *Curvuletum* der herrschende Grastyp (Rübel 1922). Als eine sehr aufbauende Art schafft und erhält die Krummsegge ihren Standort, auch für die Begleitflora, indem sie eine dichte Humusdecke bildet. Selbst im Winter unter Schnee behalten die Blätter ihr Grün. Analog zum *Curvuletum* bildet die Polstersegge (*C. firma*) auf Kalkgestein sehr oft auffallende und charakteristische Bestände. Als Pionier der Vegetation ist sie windgefegtem, trockenem Felsgestein durch ihre erstaunlich dichten Blattpolster ganz besonders angepaßt.

Besonders beachtlich sind in den Alpen einige Seggen, die als Futterpflanzen geschätzt wurden. So rechnen Stebler und Schröter (1889) die Horstsegge (*Carex sempervirens*), die auf sonnigen, trockenen Hängen auf Kalk- wie auf Urgesteinsboden weit verbreitet ist, und die Rostfarbige Segge (*Carex ferruginea*), die mehr feuchte Triften bevorzugt, noch zu den guten Weidegräsern.

3.1.5. Die Sauergräser des Waldes

Zu den Seggen des Waldes gehören die anspruchsvollsten Sauergräser, und es ist auch keine große Anzahl, die ausschließlich im Walde vorkommt. Waldsegge (*Carex sylvatica*), Schattensegge (*Carex umbrosa*), Fingersegge (*Carex digitata*) und Wimpersegge (*Carex pilosa*) wachsen in frischen bis feuchten Laubwäldern auf kräftigen Böden mit bester Humuszersetzung. Die Schattensegge bevorzugt etwas schwerere Böden und die Fingersegge mehr die kalkhaltigen Lehmböden mit mildem Humus. Die Wimpersegge zieht ausschließlich mesophile Laubwälder, meistens Buchenwälder, des Hügellandes und der mittleren Bergstufe vor und gehört zu den besten und fruchtbarsten Waldtypen. Bleiche Segge (*Carex pallescens*) und Dichtährige Segge (*Carex spicata*) nehmen mit etwas geringeren Standorten vorlieb.

In feuchten, aber nicht nassen Laubwäldern, besonders in Erlen- und Eschenwäldern, ist der Standort der Winkelsegge (*Carex remota*). Als typischer Feuchtigkeitsanzeiger bevorzugt sie die quelligen Stellen und meidet Staunässe. In feuchten Wäldern, auf schwereren, zur Wasserstauung neigenden Böden bildet die Zittergrassegge (*Carex brizoides*) dichte Bestände. Nicht so häufig ist die Stattliche Segge, die Pendelsegge (*Carex pendula*). Wir finden sie nur zerstreut, vor allem in Süddeutschland, in feuchten Wäldern kräftigerer Böden. Sie meidet stagnierendes Wasser und gilt als Anzeiger von Quell- und Sickerwasser (Hesmer 1950).

In der nassen Lage des Waldes wachsen die entsprechenden Sauergräser des Grünlandes, sofern sie Schatten vertragen. Besonders typisch für Erlenbruchsümpfe ist die Walzensegge (*Carex elongata*), die allerdings auch auf nassen Wiesen sehr häufig vorkommt. Im allgemeinen treten im nassen Erlenbruch auch Schlanksegge (*Carex gracilis*) und Sumpfsegge (*Carex acutiformis*) auf und manchmal Kammsegge (*Carex disticha*). In den ganz nassen Teilen des Erlenbruchs herrschen Rispensegge (*Carex paniculata*) und Bültsegge (*Carex elata*) vor. Man spricht auch vom Hochseggen-Erlenwald.*

In dem weniger nährstoffhaltigen Birken-Fichtenbruch vom Nährstoffcharakter der Zwischenmoore finden sich oft neben dem kennzeichnenden Sumpfreitgras (*Calamagrostis canescens*), Blasensegge (*Carex vesicaria*), Schnabelsegge (*Carex rostrata*) und Braune Segge (*Carex nigra*). Auf ärmstem Bruchgelände hochmoorartigen Charakters ist das Scheidige Wollgras (*Eriophorum vaginatum*) charakteristisch für den Krüppelkiefernwald, meistens zusammen auftretend mit der Schlammsegge (*Carex limosa*). Arme Gewässer im Landklima verlanden zu diesem Wollgras-Kiefernwald.

In den Wäldern der trockeneren Böden tritt auf Kalk, in Laub- und Nadelwäldern die Vogelfußsegge (*Carex ornithopoda*) auf und auf Sand, in nicht gerade geringen Fichten- und Kiefernwäldern und auch in den Laubmischwäldern geringerer Bonität ist die Pillensegge (*Carex pilulifera*) typisch. Mit ihr vergesellschaftet tritt auch die Hainsimse (*Luzula campestris*) auf, die anspruchsloseste Art der *Luzula*-Arten des Waldes, die wir hier sonst nicht in den Bestimmungsschlüssel mit aufgenommen haben. Auf noch leichteren Sandböden, in lichten Kiefernwäldern, findet sich die Heidesegge (*Carex ericetorum*), manchmal begleitet von der Nelkensegge (*Carex caryophyllea*). Beide treten aber typisch auch außerhalb des Waldes auf, die Heidesegge auf sonnigen Flächen heidigen Charakters trockener, armer Sandböden, die Nelkensegge mehr im Kalktrockenrasen, wenn sie auch auf Sand vorkommt. In den allerärmsten, lichten Flechten-Kiefernwäldern zieht wieder die Sandsegge (*Carex arenaria*) ihre Zeilen, selten begleitet von der ihr ähnlichen Französischen Segge (*Carex ligerica*).

* In diesem Zusammenhang sei auf eine Arbeit von P. Janiesch (1981) hingewiesen über „Ökophysiologische Untersuchungen an *Carex*-Arten aus Erlenbruchwäldern", in der erstmals Zusammenhänge zwischen Pflanzensoziologie, edaphischen Bedingungen und physiologischen Anpassungen in der Pflanze untersucht werden, auf die wir aber im Rahmen dieses Buches nicht näher eingehen können.

3.1.6. Die Sauergräser des Salzgrünlandes

Ausgesprochene Salzgesellschaften wie die Süßgräser bilden die Sauergräser nicht, wohl aber treten einige Arten auf den vom Salzwasser beeinflußten Flächen der Nord- und Ostsee und auch des Binnenlandes mit auf. Wir finden sie nicht auf den besten Salzwiesen, den sogenannten Kuh-Andel-Wiesen der Nord- und Ostsee, sondern nur als Begleiter fehlerhafter, verunkrauteter Flächen, wo sie sich dann statt der guten Salzpflanzen mit einnisten. Auf den sogenannten Pferde-Andel-Wiesen wachsen Fuchssegge (*Carex vulpina*), die auch auf gutfeuchten Wiesen mit nicht gerade schlechten Nährstoffverhältnissen vorkommt, aber auch etwas Salz liebt, sehr häufig Lückensegge (*Carex distans*), die vorwiegend als „halophile“ Pflanze Böden mit salzigem Substrat besiedelt, aber auch auf salzlosem Land anzutreffen ist und die Rote Simse (*Scirpus rufus*), ein ausgesprochener „Halophyt“ alter Terminologie, die nur auf Salzboden vorkommt und dort auf Verarmung hindeutet. Die halophile Meerstrandsimse (*Scirpus maritimus*) gehört an sich zu den Salzsumpfpflanzen. Auf den Boddenländereien der Ostsee bildet sie an nassen Stellen dichte, stattliche Bestände, geht aber auch auf weniger nasse Standorte über und wird übrigens auch gefressen. Sie findet sich ebenfalls an den Moorgräben in Paulinenaue, deutet hier auf Salzeinfluß hin. Die Gerstenährige Segge (*Carex hordeistichos*) tritt nur auf feuchten Salzflächen des Binnenlandes auf.

3.2. Über den Wert der Sauergräser

Aus den Ausführungen über den Standort der Sauergräser geht ihr großer Zeigerwert hervor. Aber auch ihr direkter Wert darf daneben nicht vergessen werden.
Auf den Streuwiesen wurden Hoch- und Mittelseggen gepflegt, Schlanksegge (*Carex gracilis*) und Sumpfsegge (*Carex acutiformis*) gehörten neben Rohrglanzgras (*Phalaris arundinacea*), Schilf (*Phragmites australis*) und Pfeifengras (*Molinia caerulea*) zu den wichtigsten Kulturpflanzen der Streuwiesen mit den höchsten Erträgen. Die Sauergrasstreu befriedigt allerdings in der Qualität nicht in jeder Weise, wie etwa die Besenriedstreu der *Molinia-caerulea*-Bestände, deren Erträge viel niedriger liegen, aber die allerbeste Streu liefern. Sauergrasstreu, die sogenannte Spaltstreu, ist etwas schmutzig und saugt nicht so gut auf.

Die Sauergrasstreuwiesen dürfen nur einmal, und zwar spät im Jahr, Ende September/Anfang Oktober, geschnitten werden. Bei zweimaligem Schnitt gehen sie in Futterwiesen über und werden von den als Streupflanzen nicht geschätzten Süßgräsern unterdrückt. Im Gegensatz zu den meisten Süßgräsern speichern sie nämlich ebenso wie das Pfeifengras sehr spät, erst vom Nachsommer an. Der Schnitt muß hoch genommen werden, damit die vegetative Vermehrung nicht leidet.

Die Düngung darf nicht allzu kräftig sein, weil sich sonst leicht streuuntaugliche Gräser einstellen, so vor allem die Gemeine Rispe (*Poa trivialis*) oder frühtreibende, düngerliebende Unkräuter, die bei stärkerer Stickstoffdüngung die später treibenden Sauergräser leicht zurückdrängen, wie bereits erwähnt wurde.

Streuwiesen waren bei uns nicht sehr häufig. In Gegenden, wo kein Getreidebau getrieben wurde, spielten sie früher eine wesentliche Rolle und waren zuweilen ebenso wertvoll wie gute Futterwiesen.

Eigens kultiviert wird bei uns kein Sauergras. Eine Ausnahme bildet allerdings die Erdmandel (*Cyperus esculentus*), eine alte Kulturpflanze des Mittelmeergebietes. Wegen der vorzüglichen Eigenschaften ihres Öls wurde der Anbau dieser Pflanze immer wieder versucht. Das Öl befindet sich nicht in den Samen wie bei anderen Ölpflanzen, sondern in den unterirdischen Knollen, deren Fettgehalt nach Versuchen von Sessous und Ragaller

(1938) u. a. 20—24% in der Trockensubstanz beträgt. Das Öl soll von hoher Qualität sein und an Wert dem Olivenöl nicht nachstehen. Seine Hochwertigkeit beruht wohl auf seinem bedeutenden Anteil an Linolsäure. Daneben enthält die auch zucker- und stärkereiche Knolle wertvolle Vitamine. Außer A, B_1, D, E, F und dem Provitamin Carotin vor allem auch einen beachtlichen Gehalt an Vitamin P, einem Schutzstoff gegen die Schädigung durch radioaktive Stoffe. An einem Wurzelstock entwickeln sich durchschnittlich 150—400 Knollen. Die Versuche ergaben einen Ertrag von 90—100 dt/ha Frischknollen.

Züchterisch konnte die Erdmandel bei uns nicht bearbeitet werden, da sie im gemäßigten Klima nur wenig blüht und nicht fruchtet. Die Versuche wurden wieder aufgegeben.

Als wildwachsende Pflanze bevorzugt die Erdmandel wie alle *Cyperus*-Arten die wärmeren Länder und ist dort über die ganze Erde verbreitet. Sie ist auch beliebt wegen des süßen, nußartigen Geschmacks ihrer Knollen und wird als Heilmittel geschätzt.

Angebaut wird sie in größerem Umfang nur wenig. G. Bayer (1959) berichtet von feldmäßigen Versuchen in Spanien und in der Sowjetunion. Hier sollen auch einige Standortsorten herausgezüchtet sein. Neuerdings ist das Interesse an der Erdmandel wieder größer geworden.

Nicht eine Art der vielen Seggen kultivierte man zu Futterzwecken, und bei der Bewertung der Heugüte spielen die Sauergräser nur eine sehr negative Rolle. Man spricht von mäßigem Heu bei 25%, von geringem Heu bis zu 50% Sauergrasanteil, und die schlechteste Heuklasse bildet das Sauergrasheu selbst. Zwar ist der Nährstoffgehalt der Sauergräser an sich nicht schlecht, ja er kommt häufig den Süßgräsern gleich, aber die Verdaulichkeit der organischen Substanz und der wichtigsten Inhaltsstoffe ist doch deutlich schlechter, wie aus den Untersuchungen von E. Korthals (1928) hervorgeht. Außerdem sind die Blätter der meisten Sauergräser ebenso wie die der Rasenschmiele (*Deschampsia caespitosa*) so stark verkieselt und mit verkieselten Zähnen besetzt, daß sie

Rohnährstoffe und Verdauungswerte einiger Sauergräser im Verhältnis zu einigen Süßgräsern (*nach* E. Korthals)

	Wiesen-fuchs-schwanz %	Fruchtbare Rispe %	Rohrglanz-gras %	Seggen-heu %
Rohnährstoffe				
Trockensubstanz	85,70	85,70	85,70	85,70
Organische Substanz	79,68	79,78	77,68	80,82
Rohprotein	10,33	10,32	8,98	9,61
Reineiweiß	8,89	8,60	7,70	8,57
Amide	1,44	1,72	1,28	1,04
Rohfett	2,84	2,34	1,50	2,28
Rohfaser	28,33	26,55	31,11	26,40
N-freie Extraktstoffe	38,18	40,77	36,09	42,53
Verdauungswerte				
Trockensubstanz	—	—	—	—
Organische Substanz	62,2	67,6	54,3	53,4
Rohprotein	62,6	69,5	62,8	49,7
Reineiweiß	62,0	67,7	65,2	51,5
Amide	65,8	78,2	48,5	34,5
Rohfett	44,4	44,2	12,7	23,3
Rohfaser	62,7	68,3	55,0	58,5
N-freie Extraktstoffe	63,0	68,0	53,3	52,6

Zunge und Schleimhäute der Tiere reizen, was zu Verletzungen führt und eine schlechtere Ausnutzung des Futters dementsprechend bewirkt. Auch werden sie wegen ihrer Saft- und Geschmacklosigkeit infolge der zahlreichen Luftkanäle nicht gern gefressen, wenn Sauergrasheu an sich auch nicht giftig ist. Oft ruft Sauergrasverfütterung Erkrankungen und Stoffwechselstörungen hervor. Es treten Rachitis und Knochenbrüchigkeit bei den Tieren auf, wahrscheinlich infolge eines Mangels an Kalk und anderen Mineralstoffen oder Vitaminen oder auch in der Eiweißwertigkeit (siehe auch STÄHLIN 1957).
Nach Untersuchungen von E. KORTHALS geht die Milchleistung bei Sauergrasverfütterung stark zurück. Es lieferten

1 dt Heu (85% Trockensubstanz)	Milch kg	Fett kg
Fruchtbare Rispe	66,39	2,18
Wiesenfuchsschwanz	64,00	1,98
Seggenheu (94% *Cyperaceae*)	37,35	1,57

Einige niedere Sauergräser, die auf gutem Grünland vorkommen, haben diese Nachteile nicht. So soll *Carex pallescens* gern gefressen werden und auch einen hohen Futterwert haben. Sie befriedigen aber nicht im Mengenertrag. Wirklich wertvolle Futterpflanzen gibt es unter den Sauergräsern auch in den Alpen und in den Höhenlagen des Nordens wohl nicht. O. WEHSARG (1928) berichtet allerdings aus Mittelschweden, daß die Horstsegge (*C. sempervirens*) dort als ein gutes Milchfutter betrachtet wird, solange sie noch in jugendlichem Zustand, d. h. vor der Blüte, geschnitten wird. Gewiß nutzt man in den Alpen die Horstsegge (*C. sempervirens*) sowie die Rostfarbige Segge (*C. ferruginea*) auf absolutem Naturrasen als Futter. Sie bilden den Hauptbestandteil der Wildheumähder und in der sogenannten Milchkrautweide (STEBLER und SCHRÖTER 1892) werden sie stets gut und gern gefressen. Es handelt sich also bei diesen „Futtersauergräsern" wohl ausschließlich um Wildheupflanzen. Eine bekannte Tatsache ist allerdings, daß sich mit zunehmender Höhenlage die innere Beschaffenheit der Pflanzen ändert. Ähnlich mag es sich auch mit den Sauergräsern der Alpen verhalten. Aber keineswegs beruht etwa der besondere Wert des Alpenwiesenheus auf der Beimischung von *Carex*-Arten. Diese beiden Sauergräser werden vielmehr im Futterwert nicht viel besser sein als die Arten im Flachland, die auf dem gutfeuchten Grünland wachsen und auch vom Vieh nicht ungern gefressen werden. Mit den guten Süßgräsern sind sie aber nicht zu vergleichen, ebenso nicht mit den wenigen Alpenkräutern und Alpengräsern, auf die der besondere Wert des Alpenheus zurückzuführen ist. Immerhin aber bleibt der Futterwert der *Carex*-Arten vielleicht noch ein Problem und wahrscheinlich hat man doch wohl zwischen Hoch- und Niederseggen zu unterscheiden. Niederseggen haben meistens relativ kleine Blattzähnchen mit schwach verkieselten Wänden, so daß sie im Wert höher einzuschätzen sind. Leider gelingt es nicht, den Futterwert durch Einsäuerung zu heben.
Vergessen werden darf auch nicht die Rolle, die die Sauergräser bei der ersten Besiedlung des Bodens und bei der Bodenbildung spielen. Sowohl in der Arktis als auch in der alpinen Region gehören *Carex*-Arten zu den Pionieren der Phanerogamen. Neben Flechten und Moosen bilden sie die ersten Pflanzenbestände der Felsen und sind dort wertvollste Humusbildner, selbst ohne Ansprüche an Humusgehalt und Tiefgründigkeit des Bodens, worauf bereits beim Standort hingewiesen wurde. Und schöner kann man wohl nicht über die allmähliche Bewachsung der Felsen hoch in der alpinen Region sprechen, an der die *Carex*-Arten entscheidend beteiligt sind, wie STEBLER und SCHRÖTER (1892) ihre Ausführungen über die Wiesentypen der Schweiz beenden: „Unhörbar wirkt die Natur an

dem Teppich, mit dem sie mitleidsvoll ihr eigenes Zerstörungswerk immer wieder bedeckt und langsam schiebt er sich vor, Stück für Stück des nackten Bodens erobernd, bis ihm Steilheit des Hanges oder fallender Schutt oder ewiger Schnee eine Grenze setzen."

Vergessen werden darf auch nicht die Rolle, die die Sauergräser bei der Verlandung von Seen, Sümpfen und Mooren spielen. Sie sind neben den Röhrichten deren Hauptverlander und haben so manches Unland in bestes Kulturland umgewandelt. „Durch ihre reichliche Wurzelbildung — die Wurzeln sind im Gegensatz zu denen der meisten Süßgräser sehr dick und kräftig und dienen sogar als Speicherungsorgane — sowie durch ihre dicken Grundachsen, Blätter und Stengel schaffen sie einesteils viel Rohhumus, andererseits halten sie die im Wasser durch den Wellenschlag herangespülten Sand- und Tonteilchen, ebenso die vom Tagwasser herabgeschwemmten Erdmassen wie ein enges Sieb zurück. Infolgedessen wird der Boden aus Humus und Erde immer höher, bis er allmählich betretbar ist. Als hervorragender Vertreter sei hier die Steife Segge (*Carex elata*) erwähnt, die bereits in noch ziemlich tiefem Sumpf und stehendem Wasser mit ihren Wurzeln meterhohe säulige Horste bis zu 1 m Durchmesser bilden kann. Was z. B. an der Meeresküste die Queller (*Salicornia* usw.) leisten, die den Boden zur Eindeichung reif machen, das bewirken im Süßwasser, neben Schilfrohr und Binsen, die Sauergräser. Ihre Tätigkeit erstreckt sich von der prähistorischen Zeit bis zur Gegenwart, und wer diese Vorgänge einmal etwas eingehender mit offenen Augen betrachtet, ist auf das Höchste überrascht von der Sicherheit und der verhältnismäßig großen Schnelligkeit, mit der sich alle Prozesse, die Verlandung, das Anwachsen von Sumpf und Moor, ganz besonders aber die Überführung im letzten Stadium der sauren Sumpfwiese zu einer guten Wiese abspielen. Ihre vielen und zugleich dicken, kräftigen, festen Wurzeln und unterirdischen Achsen erzeugen eine solche Menge Rohhumus, daß die Erhöhung ohne weiteres meßbar wird. Und wenn wir auf alten hochgelegenen Feldern beobachten, daß sich im Untergrund oft wellenförmig eine Schicht tieferen humoseren Bodens vorfindet, die dem Acker fruchtbare Stellen gibt, so sind das noch die Folgen der früheren Tätigkeit solcher Humusbildner, zu denen die meisten Sauergräser zu zählen sind" (Wehsarg 1928).

Man kann über die große Bedeutung der Sauergräser in der Natur in dieser Hinsicht nicht ohne eine ganz besondere Erwähnung hinweggehen. Und vielleicht sollte man auf nassen Wiesen, die nicht entwässert werden können, die Tätigkeit der Sauergräser eher unterstützen als sie zu hemmen. Oft unterbricht der Schnitt ihre bodenaufbauende Wirkung. Auch sorgt in feuchten Erlenwäldern z. B. *Scirpus sylvaticus* neben anderen Ausläuferhochseggen für eine natürliche Drainage.

Bemerkt sei auch noch, daß die Sandsegge (*Carex arenaria*) zur Festlegung von Dünen angepflanzt wird, sowie auch *Carex hirta*, *Carex ligerica* u. a. bei der Festlegung von trockenen, flüchtigen Sanden von Natur eine wesentliche Rolle spielen auf Grund ihrer starken Ausläuferbildung. Die terpentinduftenden Grundachsen von *Carex arenaria* waren früher offizinell, wie bereits erwähnt. Genutzt wird seit langem die Zittergrassegge (*Carex brizoides*). Ihre weichen, langen Blätter rauft man als falsches Seegras zum Ausstopfen von Matratzen. Die Seegrasernte gehörte noch in den zwanziger Jahren zu den einträglichsten Nebennutzungen des Waldes (Hesmer 1950). Die zähen Blätter einiger anderer Seggen werden zur Herstellung von Matten verwendet.

Darüber hinaus sind die Sauergräser auch für diese Zwecke bei uns nicht kultiviert worden, wohl aber in Japan. Hier wird *Carex mayeriana* Kunth zur Fertigung von Matten angebaut und *Carex morowii* Booth zur Herstellung von Regenmänteln. Neuerdings haben sich auch die Blumenzüchter und Blumengärtner der *Carex*-Arten angenommen. Der berühmte Karl Förster, Potsdam-Bornim, hat mehrere *Carex*-Arten in sein Staudensortiment eingeführt. Dazu gehören Morgensternsegge (*Carex grayi*), Bergsegge (*Carex montana*), Immergrüne Japansegge (*Carex morowii „Variegata"*), Palmwedelsegge (*Carex muskingumensis*), Vogelfußsegge (*Carex ornithopoda „Variegata"*). Unter den

Botanikern fanden die *Carex*-Species schon immer ihre ganz besonderen, überzeugten Liebhaber.
Ob auch Sauergräser in der Lage sind, Schadstoffe aus Abwässer und Gewässer zu entfernen, wie es K. SEIDEL für *Scirpus lacustris*, *Juncus effusus* und andere Pflanzen beschreibt und auch von anderen Autoren berichtet wird (siehe „Wissenschaft und Fortschritt", 23 (1973) 7), wäre zu bedenken.

3.3. Über die Bekämpfung der Sauergräser

Die Bekämpfung der Sauergräser ist im allgemeinen nicht schwierig. In der nassen Lage werden sie bekämpft durch Entziehen der Nässe. Nach der Entwässerung verschwinden sie bei guter Pflege und Düngung des Grünlandes an sich auch ohne Umbruch, wenn auch nicht immer so schnell, da sie der Konkurrenz der guten Gräser dann nicht standhalten. Namentlich das frühzeitige und mehrmalige Schneiden, das die Wiesenkultur mit sich bringt, können sie nicht vertragen. Im Gegensatz zu den Süßgräsern verliert die bei den Hochseggen besonders hohe Blattscheide, die den senkrecht aufsteigenden Sauergrastrieb umgibt, leicht und schnell ihr Chlorophyll und damit ihre Assimilationsfähigkeit. Die Assimilation durch die Blätter ruht nach dem Schnitt fast vollständig. Die jungen Knospen liegen tiefer von abgestorbenen Blattscheiden eingehüllt als bei den Süßgräsern, die frühzeitig belichtet werden können und wieder assimilationsfähig sind. Neue Blätter können nur mit Hilfe der Reservestoffe gebildet werden. Nach einem Abmähen dauert es also länger, ehe die Ersatztriebe ans Licht kommen. Die inneren, in der Scheide sitzenden, noch unfertigen Blätter aber strecken sich vorzeitig. Die Pflanzen werden durch den Schnitt sehr geschwächt und in der vegetativen Vermehrung durch die schnelle Verausgabung ihrer Reservestoffe geschädigt. Die Sauergräser speichern wohl stärker als unsere guten Wiesengräser, sie leben aber auch im Vorsommer mehr auf Kosten ihrer Reservestoffe. Nur wenn sie durch reichliche Kohlensäureassimilation auch reichlich Reservestoffe anreichern können, bleiben sie lange Jahre lebensfähig. Die Sauergräser verlangen im allgemeinen ein ungestörtes Wachstum. Ein mehrmaliges Abmähen im Jahr schadet ihnen bereits sehr stark, wie wir auch von den Streuwiesen her wissen. Hinzu kommt, daß die Regenerationsfähigkeit der Sauergräser aus den Knospen der Grundachsen nur von kurzer Dauer ist (WEHSARG 1928 und 1935). Sie beschränkt sich auf eine kurze Spanne, auf die zuletzt angelegten Knospen am Ende der Grundachse, im Gegensatz zu vielen echten Gräsern und den meisten ausläufertreibenden Dikotylen. Dieser regenerationsfähige Achsenteil wird aber gerade durch seine senkrechte Haltung von der schweren Walze schwer geschädigt, während die mehr seitlich im Boden aufsteigenden Süßgräser weniger leiden und durch ihre auf alle Teile ihres Wurzelstocks sich erstreckende Bestockungsfähigkeit gesichert sind. Die Walze schädigt also den Wuchs der Sauergräser und hemmt deren vegetative Vermehrung. Aus Mangel an Regenerationskraft gehen sie dann schneller zugrunde als viele andere Gräser und Unkräuter des Grünlandes. Einer Entwässerung nasser Sauergrasflächen muß immer die schwere Walze folgen, auch um den Bodenschluß wieder herzustellen. Im anderen Falle erhalten sich die Sauergräser noch einigermaßen vermittels ihres Wurzeltiefgangs, während die flacher wurzelnden Süßgräser infolge des fehlenden Bodenschlusses sich nicht vermehren können, der Graswuchs kümmert dann jahrelang.
Oft sind aber zwischen den Sauergräsern auf den nassen Wiesen zu wenig gute Gräser vorhanden, die sich bei guter Pflege und Düngung nach der Entwässerung ausbreiten und schnell durchsetzen und an die Stelle der Sauergräser treten könnten. Die Aufwendungen für die Entwässerung werden dann nicht schnell genug produktionswirksam.

Die Umwandlung entwässerter Sauergrasflächen in ertragreiches Grünland ohne Umbruch und Ansaat ist deshalb doch nur selten möglich und kaum zu empfehlen. Auch sind die nassen Böden meist so verwahrlost, so keimarm und luftarm und insbesondere, wenn sie mit Bültseggen bestanden waren, so uneben, daß man sie auch zur Behebung dieser Mängel besser umbricht und neu ansät.

Die Beseitigung der Bültseggen bereitet allerdings Schwierigkeiten, und sie erfordert besondere Maßnahmen nach der Entwässerung. Früher wurden die Bülten von Hand mit der Bültsäge abgesägt. Dann half man sich dadurch, Holzketten über jeden Bült zu werfen und diese einzeln mit dem Traktor herauszuziehen. Auch der auf Traktorzug umgestellte UHLIGsche Wiesenhobel brachte nicht den erhofften Erfolg. Neuerdings ist man dazu übergegangen, diese Flächen zu fräsen, und zwar im zwei- bzw. mehrmaligen Arbeitsgang. Das erste Fräsen erfolgt flacher, die Bülten werden vor allem oberirdisch abgeschnitten, danach geht man tiefer in die Erde. Diese Methode bewährt sich gut.

Welche Maßnahme im einzelnen nach der Entwässerung ergriffen werden muß, abgesehen von den Flächen der Bültseggen, entscheidet der jeweilige Zustand und die begleitenden guten Gräser der ehemals nassen Sauergrasflächen. So kann z. B. bei nur einem geringen Rohrglanzgrasanteil innerhalb der Sauergräser eine besonders starke Stickstoffdüngung nach der Entwässerung ohne Umbruch bereits zum Erfolg, zu einer ertragreichen Rohrglanzgraswiese führen.

Hochseggenwiesen bedürfen im allgemeinen im Anschluß an die Entwässerung einer weniger starken Düngung als die Flächen der Mittelseggen oder gar Niederseggen.

Es wurde auch versucht, Sauergraswiesen ohne Entwässerung in wertvollere Wiesen zu überführen.

Ein altes Verfahren ist die periodische Einsaat von Gräsern und Kleearten, die zu einer besseren Ausnutzung dieser minderwertigen Flächen führen sollte. Der Boden wurde im Winter mit Kompost befahren, die Wiese im Frühjahr schwarz geeggt, wenn der Boden erst 10 cm aufgetaut war und ein Gemisch von 15 kg/ha Timothe + 5 kg/ha Schwedenklee hineingesät. Diese Methode erwies sich aber als nicht unbedingt sicher, so daß sie nur aushilfsweise in Betracht kommt.

In neueren Versuchen sollte das Grundwasser durch Beregnung in Bewegung gesetzt und dadurch die Sauerstoffarmut im Boden beseitigt werden. Das Ziel war, Standorte zu schaffen, wie sie von Natur aus bei den Rohrglanzgraswiesen vorliegen. Diese Methode scheiterte rein technisch, war aber abgesehen davon auch wirtschaftlich kaum tragbar.

Gelegentlich lassen sich allerdings Sauergraswiesen in Rohrglanzgraswiesen ohne Entwässerung umwandeln. Das ist aber nur dann der Fall, wenn Nährstoffarmut und nicht Sauerstoffarmut vorliegt. Leider gibt es keine stichhaltigen Merkmale, die das Herausfinden derartiger Flächen ohne weiteres ermöglichen, so daß man hier weitgehend auf Versuche angewiesen bleibt.

Anders verhält es sich bei der Bekämpfung der Niederseggen und Umwandlung der völlig verarmten Flächen der feuchten Lage, den Hungerwiesen, auf denen diese vorherrschend sind. Die Niederseggen bereiten bei der Bekämpfung weniger Schwierigkeiten. Man hat auch nicht zwischen Horst- und Ausläuferseggen zu unterscheiden, da die horstigen Niederseggen keine besonderen Maßnahmen zu ihrer Beseitigung wie die bültigen Hochseggen erfordern. Gewöhnlich bedürfen nur die Flächen, die von der Braun- oder Wiesensegge (*Carex nigra*) bestanden sind, einer vorsichtigen Entwässerung, sonst ist für das rasche Abziehen von Schadwasser durch gründliche Reinigung der verwachsenen Gräben Sorge zu tragen. Auf dem Acker, das sei hier noch hinzugefügt, treten die Sauergräser nicht auf. Sie unterliegen der feldmäßigen Bearbeitung des Bodens infolge der Störung ihrer Grundachsen und der mangelnden Regenerationsfähigkeit. Lediglich die einjährigen Zypergräser, das rote und das gelbe Zypergras (*Cyperus fuscus* und *C. flavescens*) kommen auch als Ackerunkräuter vor und haben uns hier mehr zu sagen als auf dem

Grünland. Als sogenannte „Schmierekeimer“ keimen sie nur auf den schmierenden Böden feuchter, „wassersaurer“ Äcker und treten allgemeiner nur auf, wo der Acker überflutet oder durch Grundwasser bis an die Oberfläche stark durchfeuchtet wird. Eine Entwässerung, die die Ackerkrume besser durchlüftet und ein günstiges Bodenleben schafft, nimmt ihnen die Keimungsbedingungen, und sie verschwinden.

Literaturverzeichnis

Ascherson, P. und Graebner, P., 1899, Flora des Nordostdeutschen Flachlandes

Bayer, G., 1959, Die Erdmandel

Dörter, K., 1974, Süßgräser, Riedgras- und Binsengewächse. Urania-Verlag

Durieu de Maisonneuve, M., 1859, Etude taxonomique de la ligule dans le genre Carex. In Bull. Soc. Bot. France VI, S. 1—5

Hegi, G., 1966, Illustrierte Flora von Mitteleuropa, Bd. II

Hesmer, H. und Meyer, J., 1950, Waldgräser, 2. Auflg. Verlag Schaper — Hannover

Janiesch, P., 1981, Ökophysiologische Untersuchungen an *Carex*-Arten aus Erlenbruchwäldern. Habilschr. — Universität Münster i. W.

Kerner von Marilaun, A., 1891, Pflanzenleben

Korthals, E., 1928, Zur Kenntnis des Futterwerts der Süßgräser (*Alopecurus pratensis, Poa serotina, Beckmannia eruciformis, Phalaris arundinacea*) und der Sauergräser unter besonderer Berücksichtigung der Milchleistung. Diss.

Kükenthal, G., 1909, *Cyperaceae-Caricoideae*. In A. Englers Pflanzenreich, IV, 20

Kusnezow, W., 1914, Material zur Bestimmung einiger *Carex*-Arten im blütenlosen Zustand. Bull. f. angew. Botanik 7 (Petersburg)

Kutschera, L., 1966, Wurzelbild und Lebenshaushalt am Beispiel anthropogener Vegetation. In Bericht über das internationale Symposium in Stolzenau/Weser der internationalen Vereinigung für Vegetationskunde.

Lange, J., 1864, Scheidenmündung und Scheidenhaut bei den dänischen *Carex*-Arten. Handbog in den Danske Flora, 3. Udg., S. 671—704, übersetzt von Prahl in Verh. d. Bot. Ver. Brandenburg 1865, S. 210—216, mit einem grundsätzlich gehaltenen Vorwort von P. Ascherson

Lindenbein, W., 1939, Der anatomische Bau kulturtechnisch wichtiger Pflanzen als Hilfsmittel zur Besiedlung außergewöhnlicher Standorte. Der Kulturtechniker, H. 9/10

Morgenweck, G., 1942, Ein Sauergräserbestimmungsschlüssel (Vorläufige Mitteilung) Pflanzenbau, 18. Jg. S. 304—310

Neumann, A., 1952, Vorläufiger Bestimmungsschlüssel für *Carex*-Arten Nordwestdeutschlands im blütenlosen Zustand. Mitt. d. Florist. soziol. Arbeitsgem. H. 3

Petersen, A., 1988, Die Gräser als Kulturpflanzen und Unkräuter auf Wiese, Weide und Acker — Akademie-Verlag

Rübel, E., 1922, *Curvuletum*. Mitteilung aus dem geobotanischen Institut Rübel in Zürich.

Sessous und Ragaller, 1938, Untersuchungen über die Erdmandel (*Cyperus esculentus*). Der Forschungsdienst, Sonderheft 8, S. 300 und 1941, S. 186—199

Stählin, A., 1957, Die Beurteilung der Futtermittel. Methodenbuch Bd. XII

Stebler, F. G. und Schröter, C., 1892, Beiträge zur Kenntnis der Matten und Weiden der Schweiz. Versuch einer Übersicht über die Wiesentypen der Schweiz. Jahrbuch d. Schweiz 6. Bd.

Stebler, F. G., 1897, Beiträge zur Kenntnis der Matten und Weiden der Schweiz. Die Streuewiesen der Schweiz. Landwirtsch. Jahrb. der Schweiz. 11. Bd.

Sturm, J., 1900, Flora von Deutschland. Bd. II, *Cyperaceae*

Vandakurova, E. V., 1927. Ein Versuch Wiesenriedgräser nach den vegetativen Organen zu bestimmen.

Wangerin, W., 1926, Vegetationsstudien im nordostdeutschen Flachland. Schr. Naturf. Ges. Danzig, 17

Wehsarg, O., 1928, Die Verbreitung und Bekämpfung der Ackerunkräuter in Deutschland, Bd. II, Lieferung II: Sauergräser, A. D. D. L. G., Heft 359

Wehsarg, O., 1935, Wiesenunkräuter

Weymar, H., 1953, Buch der Gräser. Neumann Verlag, Radebeul

Schröder, D., 1952, Unterscheidungsmerkmale der Wurzeln einiger Moor- und Grünlandpflanzen nebst einem Schlüssel zu ihrer Bestimmung und einem Anhang für die Bestimmung einiger Rhizome.
Aus den Arbeiten der Moor-Versuchsstation Bremen

Verzeichnis der wissenschaftlichen Namen der abgehandelten Sauergräser

Außer den heute geltenden wissenschaftlichen Namen sind auch früher gebräuchliche Synonyma mit aufgeführt worden. Jene sind halbfett gedruckt, ebenso wie die Seitenzahlen, die das Vorkommen der einzelnen Sauergräser im Schlüssel angeben.

Verzeichnis der deutschen Namen der abgehandelten Sauergräser

Ausgedehnte Segge	**Carex extensa** Good.
Behaarte Segge	Carex **hirta** L.
Bergsegge	Carex **montana** L.
Binsenblättrige Segge	Carex **maritima** Gunn., C. juncifolia All.
Binsenschneide	Cladium **mariscus** (L.) Pohl
Blasensegge	**Carex vesicaria** L.
Blaugrüne Segge	Carex **flacca** Schreb., C. glauca Murr., C. diversicolar Crantz
Bleiche Segge	**Carex pallescens** L.
Braune Segge	Carex **nigra** (L.) Reichard, C. fusca aut., C. stolonifera Hoppe, C. vulgaris Fries., C. goodenoughii Gay
Braunes Zypergras	Cyperus **fuscus** L.
Breitblättriges Wollgras	Eriophorum **latifolium** Hoppe
Dichtährige Segge	Carex **spicata** Huds., C. contigua Hoppe
Drahtsegge	Carex **diandra** Schrank, C. teretiuscula Good.
Dünnährige Segge	Carex **strigosa** Huds.
Einwärtsgebogene Segge	Carex **maritima** Gunn., C. juncifolia All.
Entferntährige Segge	Carex **distans** L.
Erdmandel	Cyperus **esculentus** L.
Erdsegge	Carex **humilis** Leys.
Fadensegge	Carex **lasiocarpa** Ehrh., C. filiformis aut.
Fadenwurzelsegge	C. **chordorrhiza** Ehrh.
Feldhainbinse	Luzula **campestris** (L.) Dc.
Feldmarbel	Luzula **campestris** (L.) Dc.
Filzsegge	Carex **tomentosa** L.
Fingersegge	Carex **digitata** L.
Flaschensegge	Carex **rostrata** Stokes, C. inflata aut., C. ampullacea Good.
Französische Segge	Carex **ligerica** Gay, C. pseudo-arenaria Reichenb.
Frühe Segge	Carex **praecox** Schreb., C. schreberi Schrank
Frühlingssegge	Carex **caryophylla** Latour, C. verna Chaix, C. praecox Jacq.
Fuchsrotes Quellried	Scirpus **rufus** (Huds.) Schrader, Blysmus rufus (Huds.) Link
Fuchsrote Simse	Scirpus rufus (Huds.) Schrader, Blysmus rufus (Huds.) Link
Fuchssegge	**Carex vulpina** L.
Gelbe Segge	**Carex flava** L.
Gelbes Zypergras	Cyperus **flavescens** L.
Gerstensegge	Carex **hordeistichos** Vill.
Geschwärzte Segge	Carex **atrata** L.
Grannensegge	Carex **atherodes** Spreng., C. siegertiana Uechtr., C. aristata R. Br.
Graue Segge	Carex **canescens** L., C. curta Good.
Hackbart	Carex **davalliana** Sm.
Hasenbrot	Luzula **campestris** (L.) Dc.
Hasenpfotensegge	Carex **leporina** L., C. ovalis Good.
Heidesegge	Carex **ericetorum** Poll.
Hirsensegge	Carex **panicea** L.
Horstsegge	Carex **sempervirens** Vill.
Igelsegge	Carex **stellulata** Good., echinata aut.

Immergrüne Segge	Carex **sempervirens** Vill.
Kammsegge	Carex **disticha** Huds., C. intermedia Good.
Krummsegge	Carex **curvula** All.
Langährige Segge	Carex **elongata** L.
Lückensegge	C. **distans** L.
Meersimse	Scirpus **maritimus** L., Bolboschoenus maritimus (L.) Palla
Nacktried	Kobresia **myosuroides** (Vill.) Fiori et Paol. Carex myosuroides Vill.
Niedrige Segge	Carex **supina** Wahlenb.
Pendelsegge	Carex **pendula** Huds., C. maxima Scop.
Pillensegge	Carex **pilulifera** L.
Polstersegge	Carex **firma** (Mygind) Host
Punktierte Segge	Carex **punctata** Gaudin
Rasensegge	Carex **caespitosa** L.
Riesensegge	Carex **pendula** Huds., C. maxima Scop.
Rispensegge	Carex **paniculata** L.
Rosinengras	Cladium **mariscus** (L.) Pohl
Rostfarbige Segge	Carex **ferruginea** Scop.
Rotes Zypergras	Cyperus **fuscus** L.
Sandsegge	Carex **arenaria** L.
Saumsegge	Carex **hostiana** Dc., C. hornschuchiana Hoppe
Schattensegge	Carex **umbrosa** Host, C. longifolia Host, C. polyrrhiza Wallr.
Scheidiges Wollgras	Eriophorum **vaginatum** L.
Scheinzypersegge	Carex **pseudocyperus** L.
Schlammsegge	Carex **limosa** L.
Schlanksegge	Carex **gracilis** Curt., C. acuta L.
Schmalblättriges Wollgras	Eriophorum **angustifolium** Honck., E. polystachion L.
Schnabelsegge	Carex **rostrata** Stokes, C. inflata aut., C. ampullacea Good.
Schwarzschopfsegge	Carex **appropinquata** Schum., C. paradoxa Willd.
Seegras	Carex **brizoides** L.
Sonderbare Segge	Carex **approprinquata** Schum., C. paradoxa Willd.
Spitzsegge	Carex **gracilis** Curt., C. acuta L.
Stachelsegge	Carex **spicata** Huds., C. contigua Hoppe
Starre Segge	Carex **bigelowii** Torr. ex Schweinitz, C. rigida Good.
Steife Segge	Carex **elata** All., C. reticulosa aut, C. stricta Good., C. hudsonii Bennet
Steppensegge	Carex **supina** Wahlenb.
Sternsegge	Carex **stellulata** Good., C. echinata aut.
Strandsegge	C. **extensa** Good.
Strandsimse	Scirpus **maritimus** L., Bolboschoenus maritimus (L.) Palla
Stricksegge	Carex **chordorrhiza** Ehrh.
Sumpfsegge	Carex **acutiformis** Ehrh., C. paludosa Good.
Torfsegge	Carex **davalliana** Sm.
Trauersegge	Carex **atrata** L.
Ufersegge	Carex **riparia** Curt.
Vogelfußsegge	Carex **ornithopoda** Willd.
Waldhaar	Carex **brizoides** L.
Waldsegge	Carex **sylvatica** Huds.
Waldsimse	Scirpus **sylvaticus** L.
Walzensegge	Carex **elongata** L.
Weiße Segge	Carex **alba** Scop.
Wiesensegge	Carex **nigra** (L.) Reichard, C. fusca aut., C. stolonifera Hoppe, C. vulgaris Fries,. S. goodenoughii Gay
Wimpersegge	Carex **pilosa** Scop.
Winkelsegge	Carex **remota** L.
Zittergrassegge	Carex **brizoides** L.
Zweihäusige Segge	Carex **dioica** L.
Zweizeilige Segge	Carex **disticha** Huds., C. intermedia Good.

FSC
www.fsc.org
MIX
Papier | Fördert gute Waldnutzung
FSC® C083411

Kolibri 360 GmbH
Ferdinand-Jühlke-Straße 7
99095 Erfurt, Deutschland
produktsicherheit@kolibri360.de